clave

Borja Vilaseca (Barcelona, 1981) está felizmente casado y es padre de una niña y un niño. Trabaja como escritor, divulgador, filósofo, conferenciante, profesor, emprendedor, empresario y creador de proyectos pedagógicos orientados al despertar de la consciencia y el cambio de paradigma de la sociedad.

Es el fundador de Kuestiona, una comunidad educativa que impulsa programas presenciales y online para que otros buscadores e inconformistas puedan desarrollarse en las diferentes áreas y dimensiones de su vida, presente en siete ciudades de tres países. También es el creador de La Akademia, un movimiento ciudadano que promueve de forma gratuita educación emocional y emprendedora para jóvenes de entre dieciocho y veintitrés años, presente en más de cuarenta y cinco ciudades de seis países. Y actualmente está liderando el proyecto Terra, una propuesta de escuela consciente que pretende revolucionar el sistema educativo.

También es uno de los referentes de habla hispana en el ámbito del autoconocimiento, el desarrollo espiritual y la reinvención profesional. Es experto en eneagrama. Desde 2006 ha impartido más de trescientos cursos para más de quince mil personas en diferentes países y desde 2017 ofrece sus seminarios en versión online.

Como escritor, es autor de cuatro libros: *Encantado de conocerme, El Principito se pone la corbata, El sinsentido común* y *Qué harías si no tuvieras miedo*. Con su pseudónimo, Clay Newman, también ha publicado *El prozac de Séneca* y *Ni felices ni para siempre*. Parte de su obra literaria ha sido traducida y publicada en diecisiete países. Anualmente imparte conferencias en España y Latinoamérica para agitar y despertar la consciencia de la sociedad.

Para más información, visita las páginas web del autor:
www.borjavilaseca.com
www.kuestiona.com
www.laakademia.org
www.terraec.es

También puedes seguirlo en sus redes sociales:
 Borja Vilaseca
 @BorjaVilaseca
 @borjavilaseca
 Borja Vilaseca
 Borja Vilaseca

BORJA VILASECA

El sinsentido común

Claves para cuestionar tu vieja mentalidad y cambiar de actitud frente a la vida

Edición revisada
y actualizada

DEBOLS!LLO

Papel certificado por el Forest Stewardship Council®

MIXTO
Papel procedente de
fuentes responsables
FSC® C117695

Penguin
Random House
Grupo Editorial

Primera edición en esta colección: enero de 2021

© 2011, 2020, Borja Vilaseca
© 2020, 2021, Penguin Random House Grupo Editorial, S. A. U.
Travessera de Gràcia, 47-49. 08021 Barcelona
Diseño de cubierta: Penguin Random House Grupo Editorial / Sergi Bautista
© Francescoch / IStock, por la imagen de cubierta

Printed in Spain – Impreso en España

ISBN: 978-84-663-5452-3
Depósito legal: B-14.473-2020

Compuesto en Fotocomosición gama sl

Impreso en Novoprint
Sant Andreu de la Barca (Barcelona)

P 354523

A mis hijos, Lucía y Lucas, por traer tanta luz a mi vida. Vuestra existencia ha transformado por completo la mía.

No es signo de buena salud el estar bien adaptado a una sociedad profundamente enferma.

JIDDU KRISHNAMURTI

Índice

Segunda parte
ORIENTACIÓN A LA TRANSFORMACIÓN

I. Verifica que este libro es para ti

La normalidad es un camino pavimentado:
es cómodo para caminar, pero no crecen flores en él.

VINCENT VAN GOGH

El joven rey de un imperio lejano se cayó un día de su caballo y se rompió las dos piernas. A pesar de contar con los mejores médicos, ninguno consiguió devolverle la movilidad. No le quedó más remedio que caminar con muletas. Debido a su personalidad orgullosa, el monarca no soportaba su invalidez, por lo que ver a gente de la corte caminando sin esfuerzo le ponía de muy mal humor. Por eso mandó publicar un decreto por el cual se obligaba a todos los habitantes del reino a llevar muletas.

Del día a la noche, todo el mundo comenzó a arrastrarse —en contra de su voluntad— con el apoyo de dos palos de madera. Las pocas personas que se rebelaron —negándose a andar con muletas— fueron arrestadas y condenadas a muerte. Tal era la crueldad del rey. Desde entonces, las madres fueron enseñando a sus hijos a caminar con la ayuda de muletas en cuanto comenzaban a dar sus primeros pasos.

Y dado que el monarca tuvo una vida muy longeva, muchos habitantes desaparecieron llevándose consigo el recuerdo de los tiempos en que se andaba sobre las dos piernas. Años más tarde, cuando el rey finalmente falleció, los ancianos que todavía seguían vivos intentaron abandonar sus muletas, pero sus huesos, frágiles y fatigados, se lo impidieron. Acompañados por sus inseparables muletas, en ocasiones trataban de contarles a los más jóvenes que años atrás la gente solía caminar sin la necesidad de utilizar nin-

gún soporte de madera. Sin embargo, los chicos solían reírse de aquellos comentarios. Para ellos, lo normal era andar con muletas.

Movido por su curiosidad, en una ocasión un joven intentó caminar por su propio pie, tal y como los ancianos le habían contado. Al caerse al suelo constantemente, pronto se convirtió en el hazmerreír de todo el reino. Sin embargo, poco a poco fue fortaleciendo sus entumecidas piernas, ganando agilidad y solidez, lo que le permitió dar varios pasos seguidos.

Curiosamente, su conducta empezó a desagradar al resto de habitantes. Al verlo pasear por la plaza la gente dejó de dirigirle la palabra. Y el día que el joven —ya recuperado— comenzó a correr y a saltar, ya nadie lo dudó; todos creyeron que se había desquiciado por completo. En aquel reino, donde todo el mundo lleva una vida limitada caminando con la ayuda de muletas, al joven se le recuerda como «el loco que caminaba sobre sus dos piernas».[1]

1. Quítate la venda de los ojos

Este libro está escrito para una minoría cada vez más numerosa en la sociedad. Es decir, para aquellos seres humanos que han tomado consciencia de que la sociedad de consumo actual es un auténtico sinsentido. Y para quienes han decidido seguir un camino alternativo, creando una existencia más plena y con sentido. Mi propuesta filosófica es que sueltes de una vez las muletas y empieces a caminar con las piernas. Para lograrlo, no te queda otra que cuestionar el sistema de creencias con el que fuiste condicionado y comenzar a pensar por ti mismo. Solo así podrás abandonar la ancha avenida por la que circula la gran mayoría, atreviéndote a seguir tu propia senda.

Y si bien es fácil de decir, emprender este cambio te confronta con todos tus miedos inconscientes. También implica abandonar la postura quejica, infantil y victimista —tan dominante en nuestra sociedad—, asumiendo con madurez tu parte de responsabilidad. Debido al sinsentido del sistema educativo industrial, hoy en día lo normal es encontrarse con gente dormida y desempoderada, cuya mente sigue estando hipnotizada y secuestrada por el *establishment*.

No sé si lo has notado, pero en lo más hondo de ti anida un profundo miedo a la libertad. Te aterra ser tú mismo. Y te da pánico vivir tu propia vida. Por eso te has venido conformando con llevar una existencia de segunda mano, completamente artificial, prefabricada y estandarizada. Y no solo eso. Para aplacar el insoportable vacío existencial y la falta de sentido vital, te has acabado volviendo adicto a los parches y a la anestesia que te proporciona el sistema, como la televisión, el móvil, las redes sociales, el materialismo, el fútbol, la religión, el porno, los medios de comunicación masivos, el tabaco, el alcohol o los antidepresivos...

No te preocupes. No estás solo. Todos somos cómplices de esta farsa generalizada. Dejar de engañarte a ti mismo es el primer paso para hacer algo verdaderamente revolucionario: cuestionar tu forma de pensar, romper el molde con el que fuiste adoctrinado y conquistar la libertad de pensamiento. ¿Estás realmente preparado para ello? Te lo pregunto porque una cosa es ansiar la libertad. Y otra, muy distinta, atreverte a renunciar a tus cadenas. Muy pocas personas están dispuestas a pagar el precio.

Prueba de ello es el fiasco que supuso este libro. Si bien lo escribí durante 2010, lo terminé publicando en abril de 2011 con la editorial Temas de Hoy, del grupo Planeta. Y eso que me pusieron todo tipo de trabas y obstáculos para que no lo consiguiera. Tras el éxito cosechado por mi anterior libro, *El Principito se pone la corbata*, me invitaron a que escribiera y presentara una secuela de esta fábula a un importante premio literario que ellos mismos organizaban y entregaban.

A pesar de sus insinuaciones de que tenía muchas posibilidades de obtener dicho galardón, me negué rotundamente. Por aquel entonces en mi corazón solo había lugar para escribir este libro. Además, estaba convencido de que había un nicho emergente de buscadores e inconformistas ávidos de lecturas insurgentes y subversivas. Resultó que la editorial tenía razón: este ensayo pasó totalmente desapercibido, fracasando estrepitosamente. Y en menos de tres meses fue retirado de las librerías.

Más de actualidad que nunca

Han pasado nueve años desde entonces. Y hoy es la editorial Penguin Random House la que me ha pedido con pasión que lo relancemos. Debido a mi carácter perfeccionista, no he podido evitar la tentación de revisar y actualizar su contenido. Si bien he mantenido intacto el manuscrito original, he hecho algunos retoques con la esperanza de aportar más valor a los nuevos lectores. Todo ello lo he hecho a lo largo del mes de abril de 2020, en pleno confinamiento.

Entre otros cambios, hemos modificado la portada. En la edición original aparecía una señal de sentido obligatorio y un montón de gente con una venda en los ojos que se dirigía hacia un precipicio. Así es como personalmente veía en aquel entonces a la sociedad. Al lado de dicha señal había un individuo solitario con la venda en su mano, el cual estaba reflexionando sobre qué camino alternativo tomar. Si ese es tu caso, ojalá este libro te sirva para encontrarlo.

Espero no pecar de ingenuo por segunda vez y que el mensaje de este libro llegue al corazón de miles de lectores. Sin entrar en teorías conspiranoicas acerca de cómo se ha generado la pandemia del coronavirus, lo cierto es que el mundo para el que fuimos educados se está desmoronando a pasos agigantados. En este marco de destrucción creativa, millones de seres humanos están inmersos en una profunda crisis existencial. Y muchos de ellos están tocando fondo, llegando a una saturación de sufrimiento. De ahí que considere que las reflexiones de este ensayo estén más de actualidad que nunca.

Eso sí, antes de seguir leyendo, déjame hacerte una pequeña advertencia. Si en estos momentos de tu vida no sientes una necesidad de cambio y de reinvención, déjalo. No te compliques. No sigas leyendo. Lo último que pretende este ensayo es hacerte perder el tiempo. Todas las reflexiones que vas a encontrar en este libro están dirigidas a personas curiosas, sensibles, inquietas e inconformistas, que intuyen que el sistema en el que viven va en contra de su bienestar.

A menos que te encuentres inmerso en una crisis existencial, no sigas leyendo. Si no estás motivado con mirarte en el espejo de tu alma, de verdad, no sigas leyendo. No te compliques. Continúa caminando con la ayuda de muletas por el camino pavimentado por donde circula la mayoría. Lo último que pretende este ensayo es incomodarte o hacerte perder el tiempo.

Tan solo léelo si estás preparado para ser honesto contigo mismo, reconociendo las mentiras y falsedades que pueden estar formando parte de tu vida. Y, sobre todo, únicamente pasa al siguiente capítulo si te atreves a salir de tu zona de comodidad, aventurándote en la incertidumbre de lo nuevo y lo desconocido. Ojalá te animes a soltar de una vez las muletas. Sé que da miedo, pero es un requisito imprescindible para que aprendas a caminar por ti mismo.

Quien sigue al rebaño acaba pisando excrementos.

DARÍO LOSTADO

2. ATRÉVETE A SEGUIR A TU CORAZÓN

Este libro no va a cambiarte la vida. Ojalá pudiera. Su función es que crezcas en comprensión y sabiduría acerca de tu naturaleza humana y de los entresijos del sistema del que formas parte. De este modo gozarás de más discernimiento y lucidez para atreverte a pensar por ti mismo, decidiendo qué vas a hacer con el resto de tu vida.

A su manera, este libro también pretende actuar a modo de espejo para que veas reflejada la oscuridad y la luz que cohabitan dentro de ti. Porque es precisamente esta visión objetiva la que puede inspirarte a dejar de ser la persona que crees que eres —tu falso concepto de identidad (ego)— y convertirte en la que puedes llegar a ser: tu verdadera esencia (ser). Este es sin duda el mensaje central del libro. Permíteme que por favor a lo largo del mismo lo repita con frecuencia. Espero no ser pesado, sino pedagógico. Principalmente porque la repetición de ideas es lo que posibilita que estas se instalen en tu subconsciente, trayendo consigo —a su debido tiempo— los cambios correspondientes.

Sea como fuere, no tengas prisa por terminar el libro. Léelo siguiendo el ritmo que necesites para comprender, procesar y digerir la información. Eso sí, en la medida en que te apetezca y lo consideres oportuno, comprométete con llevar a la práctica la teoría que contiene cada capítulo. Solo así convertirás este *conocimiento* en tu propia *sabiduría*.

Si has seguido leyendo hasta aquí, es fundamental que no te creas nada de lo que leas. Ni una sola línea. Desde que naciste te han ido inculcando infinidad de creencias acerca de quién debes de ser y de cómo has de vivir tu vida. De ahí que este libro no pretenda imponerte ningún otro dogma. Y mucho menos juzgarte. No tiene nada contra ti. Solo quiere acompañarte en el proceso de cuestionamiento de las viejas *creencias* con las que *creaste* inconscientemente una visión de la vida completamente obsoleta y desfasada.

La sabiduría no puede enseñarse

Para lograrlo, es imprescindible que verifiques toda la información que te llega del exterior, cuestionándola, poniéndola en práctica y analizando los resultados que obtienes de forma voluntaria a través de tu propia experiencia. Por este motivo, es imprescindible que leas las páginas que siguen con escepticismo y pensamiento crítico.

Si bien las palabras, los conceptos y las etiquetas son muy útiles para fomentar el conocimiento, no son la experiencia en sí mismos. La verdad y la sabiduría no pueden enseñarse. Tan solo pueden experimentarse. De ahí que, por favor, no te creas absolutamente *nada* de lo que leas en este libro. En la medida que puedas y te apetezca, experiméntalo *todo*. Solo así podrás comprobar empíricamente si la información es veraz y provechosa para ti.

En función de que en qué momento vital te encuentres, puede que mientras vayas leyendo te pongas a la defensiva. O que incluso ridiculices aquella información que atente contra tu forma de pensar. En el caso de que esto suceda, no saques conclusiones precipitadas. El mayor obstáculo para evolucionar como seres humanos y progresar como sociedad es apegarnos a nuestro actual sistema de creencias.

Lo mejor es que confíes únicamente en tu criterio y tu sentido común. Al fin y al cabo, lo que está en juego es tu capacidad para convertirte en quien verdaderamente eres. No te conformes con ser una fotocopia. Atrévete a ser un original. A su vez, deseo de corazón que este ensayo te sirva para que dejes de querer cambiar el mundo, convirtiéndote tú en el cambio que quieres ver en él. Lo cierto es que eres totalmente libre para elegir qué dirección tomar. La decisión es solamente tuya. Si me permites un consejo: sigue a tu corazón.

Dos caminos divergían en un bosque y tomé el menos transitado.
Aquella decisión marcó la diferencia en mi vida.

ROBERT FROST

Primera parte

Orientación al propio interés

ORIENTACIÓN AL PROPIO INTERÉS *Viejo paradigma*	ORIENTACIÓN A LA TRANSFORMACIÓN *Cambio de paradigma*	ORIENTACIÓN AL BIEN COMÚN *Nuevo paradigma*
Condicionamiento		Educación
Falso concepto de identidad (ego)		Verdadera esencia (ser)
Ignorancia e inconsciencia		Sabiduría y consciencia
Esclavitud mental		Libertad de pensamiento
Egocentrismo		Altruismo
Victimismo y reactividad		Responsabilidad y proactividad
Desempoderamiento		Empoderamiento
Dependencia y borreguismo		Independencia y autoliderazgo
Autoengaño e hipocresía	*Crisis existencial* →	Honestidad y autenticidad
Corrupción e infantilismo		Integridad y madurez
Miedo y paranoia		Confianza y sensatez
Evasión y adicción		Presencia y conexión
Escasez y queja		Abundancia y agradecimiento
Gula y codicia		Sobriedad y generosidad
División y competitividad		Unidad y cooperación
Lucha y conflicto		Amor y aceptación
Vacío y sufrimiento		Plenitud y felicidad
Anestesia y enfermedad		Curación y salud
Materialismo (bien-tener)		Posmaterialismo (bien-estar)
Existencia sin sentido		Existencia con sentido

II. La decadencia del viejo paradigma

> Aunque la mayoría de personas no van hacia ninguna parte, es un milagro encontrarse con una que reconozca estar perdida.
>
> José Ortega y Gasset

Hace mucho tiempo una cabra se perdió en el corazón de un bosque inexplorado. Temerosa de no saber cómo regresar junto a su familia, comenzó a brincar de un lado para el otro por una abrupta colina, abriendo un sendero tortuoso, lleno de curvas, subidas y bajadas. Al día siguiente, un perro siguió su rastro, utilizando aquella misma senda para atravesar el bosque. Lo mismo hizo un carnero, líder de un rebaño de ovejas, que, viendo el espacio ya abierto, guio a sus compañeras por allí.

Y así fueron pasando los años, hasta que un día aparecieron los primeros seres humanos, que se aventuraron por aquel incómodo camino para cruzar el frondoso bosque. Aquella ruta les hacía zigzaguear constantemente, y encontraban numerosos obstáculos que les obligaban a reducir su marcha. Cada vez que les tocaba cruzarlo se quejaban y maldecían aquel sendero. Pero ni uno solo hacía nada para buscar y crear una ruta alternativa.

Después de ser atravesado miles de veces, el sendero acabó convirtiéndose en un amplio camino. Y pronto empezó a ser transitado por carros tirados por animales, que se veían obligados a transportar pesadas cargas durante horas. Los años fueron pasando y todo el mundo seguía cruzando el bosque por medio del denominado «sendero maldito». Así fue como terminó convirtiéndose en la calle mayor de un pueblo y, siglos más tarde, en la avenida principal de una gran ciudad.

Dado que el trayecto seguía siendo impracticable, la gente continuó transitándolo a regañadientes y de mal humor por el resto de su vida. Estaban tan convencidos de que aquella ruta era la única que existía, que se habían resignado a seguir el camino trillado por donde circulaba la mayoría, sin preguntarse nunca si aquella era la mejor opción. Lo cierto es que, si no hubiesen seguido la vía abierta por la intrépida cabra, podrían haber recorrido dicha distancia de forma más agradable y en menos tiempo. Y es que tan solo unos cientos de metros más arriba se escondía una ruta que conducía al mismo destino, mucho más llana y fácil de transitar.[2]

3. ¿QUÉ ES UN PARADIGMA?

Aunque es imposible encontrar a dos individuos completamente iguales, todos compartimos una misma naturaleza humana. Todos tenemos necesidades, deseos y expectativas. De ahí que a nivel emocional también compartamos una serie de carencias, frustraciones y miedos. En paralelo, si bien nuestros rasgos faciales, nuestro color de piel o nuestro tamaño y altura varían en función de nuestra genética y nuestras circunstancias geográficas y ambientales, todos disponemos de un cuerpo, una mente y un corazón. Por eso gozamos de la capacidad de experimentar, pensar y sentir.

Y entonces, si todos compartimos una misma condición humana, ¿por qué somos tan diferentes? La respuesta no es sencilla. Entre otras muchas variables, es esencial señalar que en función de dónde hemos nacido y el tipo de condicionamiento que hemos recibido, cada uno de nosotros ha *creado* una identidad personal en base a las *creencias* familiares, culturales, profesionales, políticas, religiosas y económicas con las que hemos sido moldeados por la sociedad.

Prueba de ello es el hecho de que la gente que nace en un *determinado* país (o comunidad) suele utilizar un *determinado* idioma, defender una *determinada* cultura, estar afiliada a un *determinado* partido político, seguir una *determinada* religión e incluso apoyar a un *determinado* equipo de fútbol. El quid de la cuestión radica en que normalmente no elegimos nuestras creencias (que condicionan nuestra forma de comprender la vida), nuestros valores (que influyen en nuestra toma de decisiones), nuestras prioridades (que reflejan lo que consideramos más importante) y nuestras aspiraciones (que marcan aquello que deseamos conseguir).

Más concretamente, este conjunto de creencias, valores, prioridades y aspiraciones constituyen nuestro «paradigma»,[3] que vendría a ser la manera en la que vemos, comprendemos y actuamos en el mundo. La importancia de hacer consciente y comprender nuestro paradigma radica en el hecho de que también *determina* nuestras necesidades y motivaciones. Es decir, lo que creemos que necesitamos para ser felices y lo que nos mueve a hacer lo que hacemos en la vida.

También es la raíz desde la que nace nuestra manera subjetiva de pensar y el tipo de actitud que solemos tomar frente a nuestras circunstancias. En base a todo ello, solemos cosechar una serie de experiencias y resultados, que son los que finalmente *determinan* nuestro grado de bienestar o malestar. Lo cierto es que cada uno de nosotros mira y filtra la realidad a través de unas gafas *determinadas*, cuyo color ha sido elegido y pintado por el entorno socioeconómico en el que nos hemos desarrollado como individuos.

Distorsionadores de la realidad

Sin ir más lejos, basta con echar un rápido vistazo a lo que sucede en un campo de fútbol. Imaginemos un partido entre el F. C. Barcelona y el Real Madrid. Estamos en el minuto noventa y el resultado es de empate a cero. De repente, un delantero del

Barça se mete en el área pequeña del conjunto madrileño, choca con un defensa y se cae al suelo. Seguidamente el árbitro pita penalti a favor del equipo culé. Y esta decisión provoca que los aficionados del Madrid griten indignados que «¡no es penalti!», que el delantero del Barça «¡se ha tirado!», al tiempo que comienzan a ponerse tensos por miedo a perder el partido.

En paralelo, los seguidores del F. C. Barcelona se han puesto muy contentos, comentando entre ellos que el defensa merengue «¡le ha hecho falta!» a su jugador, provocando un «claro penalti». Lo interesante de este ejemplo es que frente a un mismo hecho externo, objetivo y neutro —un jugador culé se ha caído en el área pequeña del Real Madrid tras chocar contra un defensa rival— se han producido dos maneras antagónicas de mirar y de vivir dicho suceso.

De esta manera, se puede concluir que cada uno de los aficionados que está viendo el partido ha realizado una interpretación totalmente subjetiva, que depende de las creencias, los deseos y las expectativas con los que está identificado. Y por «identificado» nos referimos a «aquellas ideas, hechos o *cosas* que creemos que forman parte de nuestra identidad».[4] Por seguir con el ejemplo anterior, cada uno de los aficionados se identifica con uno de los dos equipos. Es decir, que inconscientemente cree que para ser feliz y sentirse bien su equipo debe ganar.

Así, cuanta mayor es nuestra identificación con *algo*, mayor es la distorsión que hacemos de la realidad. De ahí que la mitad de aficionados haya visto penalti y se muestre excitada y la otra mitad haya visto que no era y se haya indignado. Lo curioso es que si el delantero del Barça finalmente fallara el penalti, el estado de ánimo de uno y otro bando cambiaría por completo en cuestión de segundos. Eso sí, en el caso de que hubiera algún aficionado que no estuviera identificado ni con el F. C. Barcelona ni con el Real Madrid, estaría en mayor disposición de ver e interpretar lo que ha sucedido con mayor objetividad y neutralidad. Y, en consecuencia, de disfrutar del clásico sin poner en juego su salud emocional.

Aunque la realidad es la misma para todos, cada uno de nosotros la está deformando y experimentando de forma subjetiva. De ahí que sea fundamental comprender cuáles son los pilares del paradigma actual, también denominado «viejo paradigma». Principalmente porque está basado en la ignorancia y genera resultados de lucha, conflicto e insatisfacción. De ahí que se encuentre en decadencia. Por eso, a menos que cuestionemos los fundamentos sobre los que hemos construido el sistema y, por ende, nuestra identidad, difícilmente podremos abandonar el camino prefabricado por el que transita la mayoría.

> Cada vez que te encuentres del lado de la mayoría
> es tiempo de hacer una pausa y reflexionar.
>
> MARK TWAIN

4. LA PSICOLOGÍA DEL EGOCENTRISMO

Dado que el sistema capitalista nos incentiva a competir para ganar un salario que nos permita pagar nuestros costes de vida, desde pequeños somos condicionados para que al llegar a la edad adulta nuestra principal motivación sea saciar nuestro propio interés. En paralelo, la sociedad nos *invita* constantemente a creer que nuestro bienestar depende de la satisfacción de nuestros deseos. Esta es la razón por la que solemos tratar de que la realidad se adapte permanentemente a *nuestros* intereses, a *nuestras* necesidades y a *nuestras* expectativas, una actitud más conocida como «egocentrismo» o «ego».

Esta es la razón por la que la gran mayoría de nosotros se rige mediante el denominado «egoísmo egocéntrico». Es decir, aquel que nos mueve a pensar solamente en nosotros mismos. De ahí que nuestro vocabulario esté monopolizado por pronombres como «yo», «mí» o «mío». Cegados por lo que queremos, deseamos y codiciamos, vamos por la vida sin tener en cuenta la repercusión que nuestras palabras y actos ocasionan sobre los demás. Paradójicamente, al creer que somos el ombligo del mundo, nuestra existencia suele estar marcada por la lucha, el conflicto y el sufrimiento.

Tiranizados por este egocentrismo, nos empachamos tanto de nosotros mismos que somos incapaces de empatizar con las personas con las que interactuamos. Nuestro ego ocupa tanto espacio que apenas dejamos sitio para los demás. El egoísmo egocéntrico se nutre de nuestra sombra o lado oscuro. Es decir, de nuestras carencias, frustraciones y miedos. Estas son las *armas* con las que *guerreamos* contra nosotros mismos y, por ende, contra los demás.

Este egoísmo egocéntrico es la raíz desde la que vamos construyendo una personalidad victimista y reactiva, quejándonos y culpando siempre a algo o alguien externo a nosotros cada vez que las cosas no salen como esperábamos. Y pone de manifiesto nuestra permanente sensación de vacío e insatisfacción, que nos lleva a buscar de forma obsesiva fuentes de evasión y narcotización las 24 horas al día. Irónicamente, cuanto más egocéntrica es nuestra visión del mundo, más tachamos de egoístas a los demás.

Cabe señalar que cuanto más egocéntricos somos, más sufrimos. Y a su vez, este sufrimiento alimenta y engorda nuestro ego. Al adentrarnos en este círculo vicioso, solemos quedarnos anclados en la cárcel de nuestra mente, siendo avasallados por un incontrolable torrente de pensamientos inútiles y destructivos que merman nuestra salud emocional. Esta es la esencia del denominado «encarcelamiento psicológico»,[5] que nos lleva a interpretar lo que nos sucede de manera extremadamente subjetiva, y a reaccionar impulsiva y mecánicamente cada vez que nuestras circunstancias nos perjudican o no nos benefician. En ese estado de inconsciencia pretendemos que el mundo gire a nuestro alrededor, adaptándose a nuestras creencias, valores, prioridades y aspiraciones. Es decir, a nuestro paradigma.

La raíz del malestar humano

Es necesario señalar que ninguno de nosotros sufre voluntariamente. Sin embargo, cada vez que pensamos, hablamos o actuamos egocéntricamente es como si tomáramos un *chupito* de *cianuro*, vertiendo veneno sobre nuestra mente, nuestro cuerpo y nuestro corazón. De hecho, la neurociencia cognitiva ha demostrado empíricamente que cada pensamiento negativo genera en nuestro interior una emoción tóxica, como el miedo, la tristeza o la ira. Y estas, a su vez, se disuelven fisiológicamente en nuestro organismo, dañando literalmente nuestros sistemas nervioso e inmunológico. De ahí que, si pudiésemos escoger libremente, al enfrentarnos a situaciones difíciles seguramente desarrollaríamos una actitud y una conducta más constructivas y eficientes.

Y entonces, ¿por qué no lo hacemos? ¿Por qué reaccionamos negativamente frente a circunstancias adversas? ¿Por qué nos entristecemos por asuntos ocurridos en el pasado? ¿Por qué nos enfadamos cuando las cosas no salen como queremos? ¿Por qué nos sentimos inseguros con respecto a cuestiones relacionadas con el futuro? ¿Para qué nos sirven la tristeza, la ira y el miedo? ¿De qué manera estas emociones nos ayudan a construir y disfrutar de una vida plena?

La respuesta a todas estas preguntas solo puede comprenderse cuando nos miramos en el espejo. De hecho, la psicología del egocentrismo pone de manifiesto que no somos dueños de nosotros mismos. En general, no tenemos ningún tipo de control sobre nuestra mente, nuestros pensamientos, nuestras actitudes y nuestras conductas. Más bien operan de forma mecánica, impulsiva y reactiva. Por eso somos incapaces de obtener resultados satisfactorios de manera voluntaria. Esta es sin duda la principal característica de vivir inconscientemente.

Aunque parece que estamos despiertos, en el fondo vivimos profundamente dormidos. No en vano, seguimos creyendo que las interpretaciones distorsionadas y subjetivas que hacemos de la realidad son *la realidad* en sí misma. Prueba de ello es la epidemia de victimismo que padece nuestra sociedad. Es común escucharnos los unos a los otros protestando por todo lo que nos pasa, sin ser conscientes de que somos co-creadores y co-rresponsables del rumbo que está tomando nuestra existencia.

Solemos quejarnos de nuestra pareja, pero ¿acaso nos responsabilizamos de que somos nosotros quienes la hemos elegido? Solemos maldecir a nuestro jefe y a nuestra empresa, pero ¿acaso nos responsabilizamos de que somos nosotros quienes hemos escogido nuestra profesión y nuestro lugar de trabajo? Y en definitiva, solemos lamentarnos por nuestras circunstancias actuales, pero ¿acaso nos responsabilizamos de que estas son el resultado —en gran medida— de las decisiones que hemos ido tomando a lo largo de nuestra vida? Es decir, que solemos victimizarnos por los *efectos* que cosechamos, eludiendo cualquier tipo de responsabilidad por las *causas* que los crearon. Por eso se dice que la psicología del egocentrismo se sustenta sobre la ignorancia de no saber quiénes somos y la inconsciencia de no querer saberlo.

> Deseamos ser felices aun cuando vivimos de tal modo
> que hacemos imposible la felicidad.
>
> San Agustín

5. La filosofía del materialismo

Desde la perspectiva del viejo paradigma, la materia es lo único que existe. Es decir, que la realidad está compuesta —únicamente— por lo que podemos experimentar a través de nuestros cinco sentidos físicos. De ahí que solo midamos y valoremos los aspectos tangibles y cuantitativos que constituyen nuestro estilo de vida. Y cómo no, esta lista está encabezada por el dinero, que se ha convertido en el fin último de la existencia de la mayoría de seres humanos.

En paralelo, el triunfo de la filosofía del materialismo ha consolidado el Producto Interior Bruto (PIB) como la estadística económica más importante y fiable para medir el progreso y el desarrollo de un país. En esencia, se trata de una cifra que representa el valor total de la producción y la actividad económica realizadas por el conjunto de las instituciones públicas, las organizaciones privadas y la sociedad civil, incluyendo la renta y el consumo de las familias, la inversión de las empresas, el gasto de las administraciones estatales y las exportaciones nacionales.

Así, el PIB vendría a ser como el gran contable de cada país. De hecho, publica sus cifras de forma trimestral, permitiendo que los analistas obtengan el dato que más les interesa: la tasa de crecimiento. Y es que en el viejo paradigma la salud de una nación se valora en función de su expansión económica y financiera, la cual se mide a través de transacciones monetarias.

Por más sofisticado que sea este proceso de medición, el PIB no contabiliza la desigualdad económica de los habitantes de un país. Tampoco mide el impacto que tiene la economía sobre el bienestar emocional de los seres humanos y el medio ambiente. Lo irónico es que en el caso de que un país sufra una epidemia de gripe o sea víctima de diversos desastres naturales, todo el dinero invertido en vacunas y hospitales para curar a los ciudadanos afectados —así como en equipos de rescate y de reconstrucción para paliar los efectos en las zonas afectadas—, incrementará la estadística del PIB de dicha nación.

Debido a la influencia que tiene sobre nosotros el pensamiento materialista imperante, en general creemos que nuestra felicidad está vinculada con lo que *hacemos* y *tenemos* —lo de afuera—, marginando por completo lo que *somos* y *sentimos*. Es decir, lo de adentro. De ahí que la sociedad contemporánea se haya edificado sobre cuatro pilares: el trabajo (como medio para ganar dinero), el consumo (como medio para obtener placer), la imagen (como medio para aparentar) y el entretenimiento, que nos permite —temporalmente— aliviar el dolor que nos genera llevar una existencia puramente materialista, en muchas ocasiones carente de propósito.

Búsqueda de estatus y reconocimiento

Además, al haber sido condicionados bajo la creencia de que *valemos* en función de lo que *tenemos* y *conseguimos*, solemos elegir profesiones orientadas a lograr estatus social y reconocimiento profesional. Esta es la razón por la que muchos dedican gran parte de su tiempo y energía a su trabajo; lo conciben como una carrera profesional —tanto de velocidad como de fondo—, relegando a un segundo plano el resto de dimensiones de su vida.

Para otros, estas metas externas no forman parte de sus prioridades cotidianas, con lo que en vez de vivir para trabajar, trabajan para vivir. Sus motivaciones laborales consisten en garantizar su seguridad y estabilidad económicas; perciben su empleo como un trámite para pagar las facturas. De ahí que se interesen —especialmente— en la cantidad que cobran a final de mes, así como en el horario que deben cumplir entre semana.

En estos dos casos, la función profesional se desempeña como un medio para satisfacer necesidades y deseos materiales. Es decir, que están orientadas a saciar el propio interés. Apenas tienen en cuenta la finalidad de dicha actividad en relación con el resto de seres humanos y la biosfera. Al negar su parte trascendente —la que va *más allá* y *a través* de cada uno de nosotros—, muchos terminan por reconocer que lo que hacen no tiene sentido.

Y dado que el trabajo ocupa casi un tercio de la vida, terminan por llevarse el malestar a casa. No en vano, dedicar ocho horas al día a actividades mecánicas —carentes de creatividad— suele potenciar y acentuar nuestra desconexión y nuestro automatismo. Debido a este proceso de alienación, estamos protagonizando una irónica paradoja: como sociedad *tenemos* más riquezas que nunca, pero *somos* mucho más pobres. Frente a este contexto, la pregunta es inevitable: tenemos de todo, pero ¿nos *tenemos* a nosotros mismos?

Lo que posees acaba por poseerte.

CHUCK PALAHNIUK

6. LA ECONOMÍA INCONSCIENTE

Por más que muchos consideremos que la economía es algo ajeno a nosotros, los seres humanos formamos parte de *ella* del mismo modo que los peces forman parte del océano. De hecho, pensar que la economía no nos concierne es como afirmar que no nos interesa el aire. Basta con echar un vistazo a su etimología. Su origen procede de dos raíces griegas: *oikos* —que significa «casa»— y *nemein*, que quiere decir «administración». Es decir, que en esencia la economía implica la administración de la casa.

También podría describirse como el tablero de juego sobre el que hemos edificado nuestra existencia, y en el que a través del dinero se relacionan e interactúan una serie de jugadores principales: el sistema monetario, las instituciones bancarias, las corporaciones, las pequeñas y medianas empresas y los seres humanos. Cabe decir que esta *partida* está regulada por leyes diseñadas por los Estados, los cuales están supuestamente gestionados por la clase política. Sin embargo, por encima de su influencia el poder real reside en los ciudadanos: con nuestra manera de ganar dinero (trabajo) y de gastarlo (consumo) moldeamos día a día la forma que toma la economía.

Por más que los expertos nos la presenten con extrañas y complicadas definiciones, la economía es, en última instancia, la proyección física y material de cómo pensamos y nos comportamos económicamente la mayoría de nosotros. Sobre este denominador común, lo que marca verdaderamente la diferencia son los medios que utilizamos para conseguir dinero y la finalidad para el que lo empleamos.

Para ver la forma física de la economía, lo mejor es observar cualquier ciudad desde un mirador. Al tomar perspectiva, es fácil concluir que se trata de la *costra* que le ha salido a la naturaleza. Y lo cierto es que su tamaño es cada vez mayor. Desde el año 2008 más de la mitad de la población mundial vive en núcleos urbanos.[6] A su vez, el número de seres humanos sobre el planeta crece a un ritmo vertiginoso. A principios de 2020 superamos la cifra de 7.700 millones y se estima que en el año 2025 rondaremos los 9.000 millones.[7]

Asfalto *versus* naturaleza

Esta imparable expansión demográfica es la principal amenaza de nuestra sostenibilidad como especie sobre el planeta. Primordialmente por el impacto medioambiental que tienen nuestros actuales hábitos de consumo, los cuales están estrechamente relacionados con el crecimiento económico predominante en el viejo modelo que actualmente se encuentra al borde del colapso.

Mientras seguimos asfaltando y urbanizando la naturaleza, conviene recordar que la economía creada por la especie humana es un subsistema que está dentro de un sistema mayor: el planeta Tierra, cuya superficie física y recursos naturales son limitados y finitos. De ahí que el movimiento ecologista lleve años insistiendo en que «el problema radica en que el subsistema menor —la economía— está orientada al crecimiento y la expansión, mientras que el sistema mayor —el planeta— no aumenta ni cambia de tamaño».[8]

En este sentido, los lagos, los bosques y los ríos son concebidos como recursos y bienes al servicio de los seres humanos. Tanto es así que la naturaleza no tiene derechos. La hemos convertido en una mera propiedad privada. Por eso podemos venderla, comprarla, intercambiarla y repartirla a pedazos con fines lucrativos y mercantilistas. Esta es la razón por la que la economía está *devorando* año tras año la superficie del planeta. Sin embargo, creer que el crecimiento económico va a resolver nuestros problemas existenciales, es como pensar que podemos atravesar un muro de hormigón al volante de un coche pisando a fondo el acelerador.

El desarrollo material infinito que promueve el capitalismo no solo es ineficiente e insostenible, sino que es del todo imposible. Esencialmente porque los seres humanos consumimos colectivamente más recursos de los que produce el planeta Tierra. No solo estamos en deuda con el medio ambiente que posibilita nuestra existencia, sino que activamente mermamos su salud, impidiendo su necesaria regeneración. De ahí que la pregunta ya no sea si *vamos a cambiar o no* los fundamentos psicológicos, filosóficos, económicos y ecológicos del sistema, sino *cuándo* y *cómo* vamos a hacerlo.

El auge de la depresión y los suicidios

Aunque no se suela hablar de ello en las noticias, se estima que más de 300 millones de seres humanos padecen de depresión.[9] En paralelo, el consumo de antidepresivos se ha disparado exponencialmente en todo el mundo. Irónicamente, la venta de estos fármacos ensancha notablemente el PIB de las naciones.

Otra estadística tabú en nuestra sociedad es la referente al número de suicidios. Se estima que 800.000 personas se quitan la vida cada año.[10] Estos datos son solo la punta de un gigantesco y oscuro iceberg. A pesar de haberse convertido en un fenómeno normalizado, nuestra sociedad padece una grave enfermedad llamada «infelicidad».

Si bien se está produciendo a cámara lenta, el viejo paradigma está derrumbándose. Y no es para menos. Con nuestra manera de ganar y de gastar dinero, cada uno de nosotros está aportando su granito de arena en la construcción de la denominada «economía inconsciente». Es decir, que por medio de la psicología del egocentrismo y la filosofía del materialismo entre todos hemos creado un tablero de juego que va en contra de sí mismo, de su propia supervivencia física, emocional y económica.

No en vano, está compuesto por un sistema monetario que arrastra una deuda perpetua e insostenible, unas empresas codiciosas e ineficientes y unos seres humanos desconectados e infelices, cuya existencia carece de propósito y significado. A su vez, este sinsentido común globalizado es el principal responsable de la destrucción del hogar que todos compartimos: el planeta Tierra. Frente a este panorama, la pregunta aparece por sí sola: ¿hasta cuándo vamos a posponer lo inevitable?

> Estamos produciendo seres humanos enfermos
> para obtener una economía sana.
>
> ERICH FROMM

7. LA ECOLOGÍA CONSUMIDA

El denominador común de la mayoría de individuos es que trabajamos para sobrevivir, consumiendo los productos y servicios que nos venden las corporaciones. De hecho, estas multinacionales no nos ven ni nos tratan ni nos valoran como seres humanos, sino como empleados, clientes y consumidores. Y es precisamente esta acción de compra-venta de bienes lo que permite que el sistema monetario se perpetúe.

Si bien la cantidad y la calidad de nuestras compras están condicionadas por nuestro salario, para que la economía no se desmorone es necesario que todos sigamos consumiendo. En otras palabras, el fin del consumo significaría el principio del colapso del sistema. Sin embargo, la salud medioambiental del planeta depende enteramente de que modifiquemos nuestros hábitos hiperconsumistas.

De hecho, la propia etimología de la palabra «consumir» ratifica su efecto devastador. Su significado original era «destruir», «dilapidar» y «agotar». De ahí que uno de los grandes retos que afrontamos como especie sea disminuir y optimizar nuestro nivel de consumo de forma gradual, posibilitando así la transición hacia un nuevo modelo socioeconómico más eficiente y sostenible.

Mientras se fragua este inevitable proceso de cambio, cabe preguntarse: ¿de dónde salen todas las cosas que compramos? ¿Y qué impacto tienen sobre la salud del planeta? Para responder a estas preguntas, hemos de comprender cómo funciona la denominada «economía de los materiales»,[11] la cual está compuesta por varias fases. La primera es la «extracción», que en realidad es un eufemismo, pues consiste en explotar los recursos naturales, que a su vez es una manera elegante de referirse a la destrucción de la naturaleza. Estamos talando, minando, agujereando y demoliendo la biosfera tan rápido que no resulta descabellado afirmar que la humanidad se ha convertido en el cáncer del planeta Tierra.

La segunda fase es la «producción». Y consiste en usar diferentes fuentes de energía para mezclar los recursos naturales extraídos con una serie de componentes —algunos de los cuales son altamente tóxicos—, a partir de los que se fabrican muchos de los productos que consumimos habitualmente. Y dado que a muchas empresas les trae sin cuidado el impacto que tienen estos químicos sobre nuestra salud y sobre la naturaleza, siguen utilizando este tipo de sustancias dañinas. Principalmente porque reducen notablemente sus costes de producción.

La tercera fase es la «distribución», cuyo objetivo es vender todos estos productos manufacturados lo más deprisa posible. Al haber deslocalizado el sistema de producción a economías más pobres —donde poder contratar a mano de obra muy barata—, la logística mercantilista se ha convertido —debido al impacto medioambiental ocasionado por el transporte— en uno de los procesos más contaminantes e insostenibles de nuestra economía. Sea como fuere, da lugar a la cuarta fase: el «consumo». Sin duda alguna, se trata del corazón que bombea la sangre y mantiene con vida al sistema capitalista.

La obsolescencia planificada

Con la finalidad de incrementar sus ventas y, por tanto, su cuenta final de resultados, la mayoría de corporaciones suele tomar decisiones movidas por su instinto de supervivencia económica, marginando por completo cualquier noción ética. De hecho, muchos de los objetos que compramos están diseñados de forma intencionada para que se rompan, descompongan o dejen de funcionar coincidiendo con la expiración del período de garantía. En general, el hecho de que de pronto se nos estropee el móvil, el ordenador, la cámara digital o la televisión no es un accidente. Es el resultado de una estrategia de fabricación bien pensada, denominada «obsolescencia planificada».[12]

Esta es la razón por la que la gente que lleva más tiempo viviendo se sorprende al constatar cómo los productos de hoy duren muchísimo menos que los fabricados hace medio siglo. Sin embargo, ni siquiera a través de esta estrategia el nivel de consumo alcanza los ratios necesarios para lograr la autopreservación de las multinacionales y, en consecuencia, del sistema sobre el que estas operan. De ahí que las empresas —por medio de ingeniosas campañas de publicidad— motiven a la sociedad a comprar, desechar y reemplazar sus bienes de consumo a un ritmo cada vez más acelerado. El objetivo es infundir en los consumidores «el deseo de poseer productos más nuevos, un poco mejores y un poco antes de lo necesario».[13] A este fenómeno psicológico se le denomina «obsolescencia percibida».[14]

Curiosamente, la propaganda de la sociedad de consumo actual ha llegado a convencernos de que, llegado el caso, desechemos objetos que todavía son perfectamente útiles. Es decir, de que tomemos decisiones alineadas con nuestros caprichos y deseos —cuyo canon suele estar determinado por la moda—, dejando en un segundo plano el sentido común, que es el que nos permite utilizar el dinero para saciar nuestras verdaderas necesidades. La paradoja es que el deseo nos enchufa a una ficción construida sobre lo que no tenemos, impidiéndonos valorar y disfrutar lo que sí está a nuestro alcance.

La quinta y última fase de la economía de los materiales es el «deshecho». Es decir, el proceso de destrucción de las toneladas de basura que acumulamos cada día. Actualmente, lo más común es incinerarla o enterrarla, lo que a su vez daña gravemente la salud del planeta. Si bien el reciclaje es un proceso en auge, todavía está lejos de solventar este problema. Además, no es ni mucho menos la solución para dejar de contaminar la biosfera. Debido al impacto tan destructor que tiene la economía sobre la naturaleza, nuestro objetivo como especie no ha ser reciclar más, sino desechar menos.

Así, lo que necesitamos es cambiar el modelo económico lineal basado en producir, utilizar y tirar. Nuestro desafío más urgente es acabar de una vez por todas con la sociedad de consumo actual, la cual destruye, dilapida y agota vorazmente los recursos naturales de los que dependemos para sobrevivir como especie.[15] Además, se estima que de todos los materiales que intervienen en el proceso de extracción, producción, distribución y consumo, solo el 1 por ciento sigue estando en uso seis meses después de ser vendido.[16] Es decir, que el 99 por ciento restante se transforma en basura, provocando que el mundo esté convirtiéndose en un gigantesco vertedero.

Hemos construido un sistema que nos persuade a gastar dinero que no tenemos en cosas que no necesitamos para crear impresiones que no durarán en personas que no nos importan.

EMILE HENRI GAUVREAY

III. La sociedad prefabricada

La mayoría de personas suben ciegamente escalón tras escalón por la escalera que creen que les va a conducir al éxito y la felicidad. Sin embargo, cuando llegan a la cima se sienten vacías e insatisfechas. Solo entonces se dan cuenta de que han colocado la escalera en la pared equivocada.

STEVEN COVEY

Caminando por un prado, un granjero se encontró un huevo de águila. Sin pensarlo dos veces, lo metió en una bolsa y, una vez en su granja, lo colocó en el nido de una gallina de corral. Así fue como el aguilucho fue incubado y criado junto a una nidada de pollos. Al creer que era uno de ellos, el águila se limitó a hacer durante su vida lo mismo que hacían todos los demás. Escarbaba en la tierra en busca de gusanos e insectos, piando y cacareando. Incluso sacudía las alas y volaba unos metros por el aire, imitando así el vuelo del resto de gallinas.

Los años fueron pasando y el águila se convirtió en un pájaro fuerte y vigoroso. Una mañana divisó muy por encima de él una magnífica ave que planeaba majestuosamente por el cielo. El águila no podía dejar de mirar hacia arriba, asombrada de cómo aquel pájaro surcaba las corrientes de aire moviendo sus poderosas alas doradas.

«¿Qué es eso?», le preguntó maravillado a una gallina que estaba a su lado. «Es el águila, el rey de todas las aves», respondió cabizbaja su compañera. «Representa lo opuesto de lo que somos. Tú y yo somos simples pollos. Hemos nacido para mantener la cabeza agachada y mirar hacia el suelo», concluyó. El águila asin-

tió con pesadumbre. Y nunca más volvió a dirigir su mirada hacia el cielo. Tal como le habían dicho, murió creyendo que era una simple gallina de corral.[17]

8. LA CULTURA DE LA CULPA

La sociedad es un fiel reflejo de cómo pensamos, de cómo nos comportamos y de cómo nos relacionamos la mayoría de individuos. Y en paralelo, cada uno de nosotros ha desarrollado una personalidad acorde con la manera de pensar, de comportarse y de relacionarse de la sociedad. De este modo, al entrar en la edad adulta muchos adoptamos, principalmente, el rol de empleados, consumidores y contribuyentes, posibilitando que el sistema pueda seguir perpetuándose.

Pero ¿qué viene antes: el huevo o la gallina? Es decir, ¿es el sistema el que nos empuja a convertirnos en personas deshumanizadas y materialistas o somos nosotros los que hemos creado un sistema a nuestra imagen y semejanza? Parece que en este caso el huevo es la gallina. Nuestra dificultad para ser felices a muchos nos ha vuelto ambiciosos y codiciosos, convirtiendo el mundo en un negocio en el que muy pocos ganan y casi todos salimos perdiendo. Y en paralelo, el sistema dificulta el altruismo, la ética y la generosidad que anidan en nuestro corazón.

Más allá de vivir conscientemente, seguir nuestra intuición y satisfacer nuestras verdaderas necesidades, solemos llevar vidas de segunda mano orientadas a saciar constantemente nuestro propio interés. Es decir, que en general centramos gran parte de nuestro tiempo, dinero, atención y energía en satisfacer nuestros caprichos, deseos y expectativas. No en vano, desde niños nos han *educado* para cumplir y obedecer los cánones impuestos por el orden social establecido.

A esa edad, todos somos inocentes. No podemos defendernos de la poderosa influencia que la sociedad ejerce sobre la construcción de nuestro sistema de *creencias*. Debido a nuestra incapacidad para discernir, cuestionar y decidir, a lo largo de nuestra infancia no nos queda más remedio que *creernos* las normas, las directrices y los dogmas que nos son impuestos desde afuera. Por más que a este proceso le sigamos llamando «educación», tiene más paralelismos con una cadena de montaje. De ahí que formemos parte de una sociedad prefabricada.

Así es como, generación tras generación, vamos proyectando de forma automática e inconsciente nuestros miedos, carencias y frustraciones sobre los más pequeños. Cabe recordar que cuando nacen los niños son —psicológicamente hablando— como una hoja en blanco: sin condicionamientos ni prejuicios de ningún tipo. Al ver el mundo por primera vez, se asombran por todas las cosas que en él suceden. Ese es el tesoro de la inocencia. Solo hay que ver la cara que ponemos los adultos cuando miramos cómo juega un niño a nuestro alrededor. Solemos sonreír, disipando por unos momentos la nube gris que a menudo distorsiona nuestra manera de ver, de interpretar y de relacionarnos con la realidad.

El origen del victimismo

Etimológicamente, la palabra «inocencia» procede del latín «*innocentia*», que significa «estado del alma limpia de culpa». Es decir, aquello que los adultos, debido a nuestro condicionamiento, anhelamos muy a menudo. Y dado que a nivel emocional solo podemos compartir aquello que primero hemos cultivado en nuestro interior, entre todos hemos creado y consolidado la cultura de la culpa.

Prueba de ello es que muchos seres humanos intentamos desesperadamente eludir cualquier tipo de responsabilidad, creyendo que así preservaremos el estado de inocencia con el que nacimos. Y al ir de víctimas por la vida, muchos estamos convencidos de que la culpa de lo que sentimos y de lo que nos sucede la tienen *casi* siempre los demás.

En el fondo, adoptar el papel de víctima tiene la función oculta de preservar nuestra bondad. No en vano, desde nuestra más tierna infancia se nos ha repetido una y otra vez que a menos que seamos «niños buenos» los demás no van a querernos. Tanto es así, que el «pórtate bien» suele residir como un *ocupa* en algún oscuro rincón de nuestro inconsciente. Por más adultos que aparentemos ser, cada vez que nos victimizamos por los resultados que cosechamos estamos poniendo de manifiesto nuestra falta de madurez emocional. E inevitablemente se trata de una limitación que terminamos imponiendo a las nuevas generaciones.

Entre otros ejemplos cotidianos, es común ver a un niño pequeño chocar contra una mesa y caerse al suelo. Y puesto que el golpe le ha provocado dolor, en ocasiones comienza a llorar. Su llanto suele llamar la *atención* del adulto que lo está cuidando en ese momento, que enseguida corre para *atenderlo*. Si bien la mesa es un objeto inerte, carente de voluntad y libre albedrío, el cuidador —con todas sus buenas intenciones— comienza a gritar: «¡Mesa mala! ¡Mesa mala!». Estas acusaciones suelen tranquilizar al niño, que comienza a imitar a su tutor, culpando a la mesa del golpe y de su dolor. Así es como se crea una víctima.

Eso sí, preservar nuestra bondad e inocencia a través del victimismo conlleva un elevado precio. Por más que culpar nos alivie, también nos esclaviza. Quienes negamos la asunción de nuestra responsabilidad por las consecuencias que tienen nuestras decisiones y acciones sobre nuestra salud física, emocional y económica terminamos sintiéndonos impotentes y frustrados.

En cambio, si el niño pequeño —inspirado por el adulto que lo acompaña— asume que ha chocado contra una mesa, estará en el camino de aprender que ha sido él —y no la mesa— quien ha provocado su dolor. Y puesto que con los años el niño se convierte en adulto, a menos que abandone el victimismo y entrene la responsabilidad seguirá culpando a los demás, a las circunstancias e incluso a la vida cada vez que *choque* contra cualquier persona, cosa o situación que le haga daño.

> Lo que se les dé a los niños,
> los niños darán a la sociedad.
>
> Karl Menninger

9. Prisioneros de la seguridad

La mayoría de seres humanos solemos compartir una misma aspiración: tener el control absoluto sobre nuestra existencia. En general, queremos que las *cosas* sean como deseamos y esperamos. Y al pretender que la realidad se adapte a nuestras necesidades y expectativas, solemos inquietarnos y frustrarnos cada vez que surgen imprevistos, contratiempos y adversidades.

Y dado que la mayoría basamos nuestro bienestar y nuestra felicidad en aspectos materiales —desatendiendo nuestras verdaderas necesidades—, cada vez que se tambalean nuestras circunstancias socioeconómicas —y ya no digamos cuando se derrumban—, a nivel psicológico suele producirse una contagiosa epidemia de incertidumbre, inseguridad y miedo, lo que nos paraliza emocionalmente y nos dificulta pasar a la acción.

De ahí que nos guste crear y preservar nuestra propia rutina, intentando, en la medida de lo posible, no salirnos del guion preestablecido por el viejo paradigma. Es decir, estudiar una carrera universitaria que nos garantice salidas profesionales. Trabajar para una empresa que nos haga un contrato indefinido. Solicitar una hipoteca al banco para comprar y tener un piso en propiedad. Y más tarde, un plan de pensiones para no tener que preocuparnos cuando llegue el día de nuestra jubilación. En definitiva, solemos seguir al pie de la letra lo que el sistema nos dice que hagamos para llevar una vida *normal*. Es decir, completamente planificada y, en principio, segura y carente de riesgo.

Así, con cada decisión que tomamos anhelamos tener la certeza de que se trata de la elección correcta, previniéndonos de cometer fallos y errores. Sin embargo, este tipo de comportamiento pone de manifiesto que nos sentimos indefensos e inseguros. Y esto, a su vez, revela que en general no sabemos convivir con la incertidumbre inherente a nuestra existencia. Paradójicamente, si bien tratar de tener el control nos genera tensión, soltarlo nos produce todavía más ansiedad. Por eso muchos estamos atrapados en esta desagradable disyuntiva.

Además, cuanto más *inseguros* nos sentimos por dentro, más tiempo, dinero y energía invertimos en *asegurar* nuestras circunstancias externas, incluyendo, en primer lugar, nuestra propia supervivencia física. Es interesante señalar que en muchas ocasiones experimentamos miedo sin ser amenazados por ningún peligro real e inminente. A esta actitud se la denomina «pre-ocupación».

Eso sí, para justificar y mantener nuestro temor, solemos inventarnos dichos escenarios conflictivos en nuestra mente. De esta manera, la inseguridad se ha convertido en uno de los cimientos psicológicos sobre los que hemos construido la sociedad contemporánea. De ahí que la «seguridad nacional» sea uno de los conceptos más utilizados por los dirigentes políticos y que los departamentos y ministerios de defensa suelan contar con presupuestos desorbitados. La paradoja es que cuanto más dinero despilfarramos en tanques, aviones, cuarteles, muros, bombas y metralletas, mayor es el miedo que nos tenemos los unos a los otros.

El afán de seguridad conlleva esclavitud

Estamos siendo testigos de cómo en el nombre de la seguridad se están recortando y reduciendo nuestros derechos y libertades. Y por más rimbombante que sean las explicaciones oficiales, la ecuación es bien simple: cuanta más seguridad, más esclavitud. El quid de la cuestión es que, dado que la seguridad externa es una ilusión psicológica, nos estamos aferrando a un estilo de vida rutinario y limitante a cambio de una falsa sensación de estabilidad y protección.

Y es que «llevar una vida segura» es una contradicción en sí misma. Principalmente porque es imposible saber lo que nos va a ocurrir mañana, y mucho menos tener garantías absolutas de que nuestro plan existencial va a desarrollarse tal y como lo hemos diseñado. Así, la búsqueda de seguridad externa es, en esencia, una batalla de antemano perdida. Por más que nos esforcemos, no podemos encerrar el misterio de la vida —cuyo devenir es absolutamente imprevisible e inseguro— dentro de una caja de certezas.

Curiosamente, la palabra «seguridad» tiene como raíz etimológica el vocablo latino «*securitas*», que significa «sin temor ni preocupación». Es decir, que la verdadera seguridad no está relacionada con nuestras circunstancias externas, las cuales están regidas por leyes naturales que nos son imposibles de gobernar y controlar. Se trata, más bien, de un estado emocional interno que nos permite vivir con confianza, liberándonos de nuestra arraigada obsesión por pensar en potenciales amenazas y peligros futuros.

> Quien tiene miedo sin peligro,
> se inventa el peligro para justificar su miedo.
>
> ALAIN

10. ADICTOS A LA IMPACIENCIA

«Me gusta que las cosas sucedan cuando yo quiero.» «Mándamelo urgentemente.» «¡Qué lenta es la gente!» «¡Date prisa, que llegamos tarde!» «¡Lo necesito ahora mismo!» «¿Por qué no me ha llamado todavía?» «No soporto que me hagan esperar.» Si nos resulta familiar alguna de estas afirmaciones, seguramente conozcamos bien qué es la impaciencia. Junto con el victimismo y la inseguridad, es otra de las principales distorsiones derivadas de vivir según la vieja forma de pensar. Afortunadamente tiene cura. Basta con comprender que es inútil. No sirve absolutamente para nada. Por más que nos quejemos, enfademos y lamentemos, las cosas van a seguir yendo a su ritmo, tal y como lo han estado haciendo y lo van a seguir haciendo siempre.

Además, también es muy perjudicial para nuestra salud emocional. Cada vez que nos invade la impaciencia nos tomamos un nuevo *chupito* de *cianuro*. Y dado el estrés generalizado, algunos se cogen auténticas borracheras. Por eso se dice que «la prisa mata».[18] Eso sí, a pesar de que vivimos en una sociedad que premia y ensalza la velocidad y la inmediatez, desprenderse del hábito de «querer las cosas para ya» es posible.

Imaginemos que estamos al volante de nuestro coche, conduciendo por una calle de un solo carril. De pronto se forma una inesperada caravana. Aunque no podemos verlo, parece que un camión se ha detenido unos metros más adelante para descargar su mercancía. Poco a poco empezamos a ponernos nerviosos. Echamos un vistazo a nuestro reloj y soltamos un sonoro resoplido.

Enseguida comienzan a sonar los primeros bocinazos, acompañados de un enfurecido: «¡Venga, hombre, que no tengo todo el día!». En medio del insoportable ruido, perdemos la paciencia y nos sumamos a la protesta, tocando varias veces el claxon con fuerza. Al cabo de un rato retomamos la marcha de mal humor.

Puede que en ese momento no seamos conscientes, pero las emociones negativas que hemos creado mientras aporreábamos el claxon van a acompañarnos unos minutos, incluso puede que el resto del día. ¿Y todo ello para qué? ¿Acaso nuestra impaciencia nos ha servido para acelerar la descarga realizada por el camión? ¿Realmente creemos que el conductor ha tardado más de lo necesario aposta, solo para fastidiarnos? Lo paradójico es que la impaciencia solamente nos ha perjudicado a nosotros.

Pero entonces, ¿por qué lo hacemos? ¿Por qué somos tan impacientes? Aunque parezca mentira, ninguno de nosotros elige tomar esta actitud cuando la vida no se ajusta a nuestros planes. Por el contrario, la impaciencia surge reactivamente de nuestro interior cuando vivimos de forma inconsciente. Se trata de un efecto, un síntoma, un resultado negativo que pone de manifiesto que la *mirada* que estamos adoptando frente a nuestras circunstancias es errónea.

Detrás de la impaciencia hay dolor

Si volvemos al ejemplo del atasco de tráfico anterior, nos damos cuenta de que nos perturbamos a nosotros mismos cada vez que ponemos el foco de nuestra atención en el denominado «círculo de preocupación».[19] Es decir, en todo aquello que no depende de nosotros, como que el conductor del camión realice la descarga más rápidamente. Y al no poder hacer nada al respecto, adoptamos el papel de víctima. Es entonces cuando nos invade la impotencia, la ira y la queja.

Sin embargo, el camión tiene todo el derecho de pararse y realizar la descarga, de igual manera que nosotros también detenemos nuestro coche a veces, demorando a otros conductores. Y entonces, si nuestro día a día no es más que un continuo proceso repleto de otros procesos necesarios para que todos podamos completar nuestras actividades personales y profesionales, ¿dónde está el problema? ¿Por qué es tan difícil adaptarse y fluir con lo que sucede?

Una vez más, la respuesta se encuentra en el modelo de pensamiento con el que hemos sido condicionados. Cada vez que nos sentimos impacientes, significa que estamos interpretando los acontecimientos externos en base a una creencia limitadora: que nuestro bienestar no se encuentra en este preciso momento, sino en otro que está a punto de llegar. En esencia, lo que nos causa tensión es estar en el presente queriendo estar en el futuro. Al creer que no podemos estar bien en medio de un atasco, deseamos que este termine de inmediato para poder llegar cuanto antes a nuestro destino.

Eso sí, funcionar según esta falsa creencia revela que la impaciencia suele ser un indicador de que no estamos a gusto con nosotros mismos. Porque si lo estuviéramos realmente, no tendríamos ninguna necesidad de que el camión (o cualquier otra persona, cosa o situación) avanzara a una velocidad mayor de la que lo está haciendo. Ni siquiera aparecería la prisa, pues ya sabríamos de antemano que no sirve para acelerar el ritmo de lo que nos sucede.

La incómoda verdad es que todos cargamos con toneladas de dolor reprimido. Y este nos impide vivir en el presente. La impaciencia es solo un síntoma de nuestra desconexión interna. De ahí que sea fundamental sanarnos y transformarnos para recuperar nuestro contacto con nuestro bienestar interno. Solo así seremos capaces de relacionarnos con nuestras circunstancias de una manera más consciente, pudiendo tomar la actitud más conveniente en cada momento.

Si bien no podemos cambiar lo que nos sucede, sí podemos modificar nuestra actitud, centrándonos en el denominado «círculo de influencia».[20] Es decir, en todo aquello que está a nuestro alcance. En el caso del atasco, implicaría llamar para avisar de que llegaremos tarde, respirar profundamente, poner la radio y otras acciones que dependieran por completo de nosotros.

De esta manera, nos ahorraríamos la desagradable compañía de la impaciencia, un huésped que de tanto visitarnos termina por instalarse indefinidamente en nuestro organismo. Y lo cierto es que no suele venir sola. Los médicos han comprobado que la impaciencia crónica está relacionada con otros *virus emocionales* como la hiperactividad, el estrés, la ansiedad, la irritabilidad, la tensión muscular, el dolor de cabeza o el insomnio.[21] Más allá de paliar sus venenosos efectos por medio de pastillas, lo que necesitamos es recordarnos cada mañana —nada más comenzar el día— que todos los procesos que conforman nuestra vida tienen su función y su tiempo.

> Siéntate a meditar 20 minutos cada día, a no ser que estés muy ocupado; entonces deberías sentarte una hora entera.
>
> Proverbio zen

11. ¿Por qué vemos tanto la tele?

Producir, consumir y divertirnos. Estas son las principales actividades que promueve la sociedad prefabricada contemporánea. Cuando estamos en nuestro puesto de trabajo, en principio produciendo, nos aferramos al verbo «hacer» con el fin de obtener resultados. Eso es lo que espera el *jefe* de nosotros. Y dado que nada de lo que conseguimos parece ser suficiente para la empresa, a lo largo de nuestra jornada laboral solemos ser víctimas de la hipervelocidad, la tensión y el estrés.

Al salir de la *oficina*, de forma impulsiva sentimos la legítima necesidad de desconectar del trabajo. Y así, de la mano del verbo «tener», solemos dedicar parte de nuestro tiempo de ocio a comprar y consumir cosas que nos hagan sentir *bien*. Al menos esa es la ilusión que nos promete la publicidad. Prueba de ello es el triunfo de los centros comerciales.

Pero dado que el placer y la satisfacción que nos proporcionan los bienes materiales son más efímeros de lo que esperábamos, tampoco solemos tener nunca suficiente con lo que consumimos y poseemos. Y una vez en casa —cansados físicamente y agotados mentalmente— solemos desplomarnos en el sofá. No importa si vivimos solos o acompañados de nuestra pareja e hijos. Justo en ese preciso instante, después de un día marcado por la obligación de hacer y el deseo de tener, nos encontramos irremediablemente con nuestro «ser».

Es sin duda la dimensión más importante de nuestra vida, pero también a la que prestamos menos atención. De ahí que sentados en el sillón, solos, en silencio y haciendo nada, nos invada una incómoda sensación. Es como un *runrún* que empieza a vibrar con fuerza en nuestras entrañas; una experiencia denominada «vacío existencial».

Lo paradójico es que al empezar a *conectar* con nosotros mismos —con lo que *sentimos* en nuestro interior—, solemos encender la televisión de forma mecánica. Y no porque queramos ver *algo* en concreto. Nuestra verdadera intención es *evadirnos* de esa molesta y desagradable sensación. Es un acto sutil, totalmente inconsciente. Ninguno de nosotros quiere experimentar malestar. Y lo cierto es que después de tantos años siguiendo este mismo ritual, huir de nosotros mismos termina por convertirse en una rutina. Lo hacemos por una simple cuestión de comodidad e inercia.

De hecho, en generar nuestro ocio consiste en estar delante de una pantalla, ya sea de televisión, del ordenador, del iPad o del móvil. Prueba de ello es el triunfo de las plataformas en *streaming* como Netflix o HBO. No es descabellado afirmar que la industria del entretenimiento —impulsada por los avances tecnológicos— ha creado un nuevo tipo de ser humano: el *homo evasivus*. Es decir, el hombre que se evade constantemente de sí mismo.

Un problema social llamado «aburrimiento»

Para averiguar qué hay detrás de nuestra adicción a escapar de nuestra mente y de nuestros pensamientos, es necesario hacernos las siguientes preguntas: ¿cuánto tiempo dedicamos cada día a estar realmente con nosotros mismos sin evadirnos? ¿Qué necesidad tenemos de entretenernos? ¿Qué sentimos cuando estamos a solas, en silencio y sin nada con lo que distraernos? Y en definitiva: ¿somos conscientes de que huir de nosotros mismos no es la solución, sino el problema?

Si bien resulta incómodo cuestionar nuestro estilo de vida, solo mediante esta indagación podemos encontrar nuestra propia verdad. Por más que miremos hacia otro lado, es imposible escapar de nosotros eternamente. Tarde o temprano no nos va a quedar más remedio que pararnos y ver qué ocurre en nuestro interior.

Al estudiar la etimología de las palabras, descubrimos que el término «malestar» está compuesto por el adverbio «mal» y el verbo «estar», y básicamente significa «estar mal». Se trata de algo tan obvio que generalmente terminamos obviando. Prueba de ello es que solemos creer que la causa de nuestro malestar se encuentra afuera de nosotros.

Algo similar sucede con un sinónimo contemporáneo: el «aburrimiento». Procede del latín *abhorrere*, que quiere decir «tener horror». Es decir, que cuando afirmamos «estar aburridos» en el fondo estamos diciendo que «sentimos horror dentro de nosotros». Y dado que nadie nos ha enseñado a lidiar con el vacío que notamos cuando estamos desconectados del ser, enseguida nos orientamos hacia la diversión. Así, no es ninguna casualidad que este sustantivo —que viene del superlativo latino *divertere*— signifique «alejarse de algo penoso, doloroso o pesado».

Recapitulando, cuando estamos *mal* experimentamos *horror* o *vacío* en nuestro interior, lo que nos impulsa a *alejarnos* de nosotros mismos, buscando cualquier tipo de *entretenimiento* o de *narcotización* en el exterior. De ahí que a menos que aprendamos a ser felices sin necesidad de apegarnos a estímulos externos, seguiremos siendo adictos al móvil, a las redes sociales, a la televisión, al trabajo, al consumo, al fútbol, al sexo, a los videojuegos, al alcohol, al tabaco o a los antidepresivos, por citar algunas de las *drogas* aceptadas por nuestra sociedad. Por más que creamos que estas válvulas de escape nos proporcionan felicidad, en realidad son simples sucedáneos que nos sirven para tapar el dolor y experimentar placer en el corto plazo. No en vano, la única fuente de bienestar verdaderamente limpia, renovable y sostenible reside en nuestro interior.

La huida no ha llevado a nadie a ningún sitio.

Antoine de Saint-Exupery

12. La paradoja del deseo

Más allá del victimismo, la inseguridad, la impaciencia y el aburrimiento, uno de los principales rasgos de la sociedad contemporánea es la insatisfacción crónica. Principalmente porque nos hemos convencido de que debemos tener deseos y aspiraciones materiales de cuya satisfacción dependa nuestra felicidad. Y no es para menos. Actualmente, la inversión publicitaria a nivel global supera los 600.000 millones de dólares. Es el dinero que las corporaciones emplean anualmente para persuadirnos a comprar sus productos y servicios.[22]

Todos estos millones de euros tienen la finalidad subyacente de promover una serie de valores, prioridades y aspiraciones estrechamente vinculadas al consumo. Así, la publicidad nos motiva subliminalmente a adquirir *cosas* que todavía no poseemos, creando(nos) nuevas necesidades. La incómoda verdad es que si bien no es fácil encontrar la felicidad dentro de nosotros, lo cierto es que es imposible encontrarla en ningún otro lugar.

En este sentido, muchos seres humanos vivimos atrapados en una perversa paradoja. Y esta se revela por cómo nos relacionamos con todo lo que podemos disfrutar. En un primer momento sufrimos por querer lo que no tenemos. El deseo nos lleva a fijarnos en alguien o algo en concreto, como por ejemplo una persona que nos gusta, el empleo soñado, un triunfo profesional, un coche deportivo o más tiempo libre. Y en muchas ocasiones solemos idealizar nuestro objeto de deseo, creyendo que una vez lo consigamos nos proporcionará el bienestar del que carecemos en este momento.

Al haber creado una serie de expectativas, en caso de no lograr lo que deseamos solemos frustrarnos, ingiriendo un nuevo *chupito* de *cianuro*. La paradoja surge cuando finalmente conseguimos *eso* que tanto anhelamos. Una vez se desvanece la satisfacción, el placer y la euforia inicial, de pronto comenzamos a sufrir por miedo a perderlo, a que nos lo estropeen, a que nos lo quiten... Y este temor contamina nuestra mente y nuestro corazón con dosis diarias de ansiedad, nervios y preocupación —más *cianuro*—, atascándonos en un callejón sin salida: parece que no podemos ser felices ni con *ello* ni sin *ello*.

Curiosamente, con el tiempo terminamos *desidealizando* a nuestro objeto de deseo, llegando incluso a olvidarnos de *él*. Eso sí, enseguida dirigimos nuestra atención hacia otra parte, cayendo de nuevo en la sutil trampa del deseo. Detrás de nuestros deseos y miedos se esconde uno de los virus más letales que atenta contra la salud emocional de nuestra especie: el «apego». Según la Real Academia Española significa «afición o inclinación hacia alguien o algo». Popularmente, también se considera sinónimo de «afecto», «cariño» o «estima». De hecho, hay quien dice que el apego es «natural» y «sano», pues es «una muestra del amor que sentimos» por *aquello* a lo que vivimos apegados. E incluso algunos afirman con cierto orgullo que «cuanto más apego se tiene, más se ama».

El lado oscuro del apego

Pero nada más lejos de la realidad. Todas estas definiciones tan solo ponen de manifiesto lo poco que conocemos a este gran devorador de nuestra paz interior. Y entonces, ¿qué es el apego? Podría definirse como el afán de controlar y poseer aquello que queremos que sea nuestro y de nadie más. Estar apegado a alguien o algo también implica creer que *eso* nos pertenece y que es imprescindible para nuestra felicidad. Sin embargo, provoca en nosotros el efecto contrario. Más que unirnos, el apego nos separa de lo que estamos apegados, mermando nuestro bienestar y nuestra libertad.

Y entonces, ¿es posible vivir sin apegos? Por supuesto, aunque es una hazaña que requiere comprender que lo que necesitamos para ser felices está dentro de nosotros y no afuera. Y «ser felices» quiere decir que ahora mismo, en este preciso instante, estamos a gusto, cómodos y en paz con nosotros mismos. Es decir, que somos felices cuando en el momento presente —justo donde nos encontramos— sentimos que todo está bien y que no nos falta de nada.

Mediante este bienestar y equilibrio internos podemos cultivar el desapego en nuestra relación con todo lo demás. Podemos tener deseos, pero ya no hacemos depender nuestra felicidad en ellos. Al estar *llenos* por dentro, no esperamos nada de afuera. Tan solo compartimos lo que somos, mostrándonos agradecidos de recibir lo que otras personas y la vida nos quieran dar. Si reflexionamos detenidamente, caemos en la cuenta de que nada ni nadie nos pertenece. Sea lo que sea, tan solo gozamos del privilegio de disfrutarlo temporalmente.

La vida está regida por la impermanencia, según la cual nada es para siempre porque todo está en continuo cambio, transformación y evolución. El inexorable paso del tiempo provoca que tarde o temprano lo nuevo se vuelva viejo y finalmente muera, dando lugar a algo nuevo otra vez. Y así sucesivamente. De ahí la inutilidad del apego.

> No es más rico el que más tiene,
> sino el que menos necesita.
>
> SAN AGUSTÍN

13. ANATOMÍA DE LA CODICIA

La corrupción está totalmente arraigada en el sistema y en nuestra sociedad. Los constantes escándalos que salpican a todos los partidos políticos tan solo representan la punta del iceberg de uno de los dramas contemporáneos más extendidos en nuestra sociedad: «la corrupción del alma». Así se denomina la conducta de quienes nos traicionamos a nosotros mismos, pues en última instancia todos sabemos cuándo estamos haciendo lo correcto, aunque nadie esté mirando.

En este sentido, la palabra «corrupción» proviene del latín «*corruptio*», que significa «alteración o degeneración de una sustancia orgánica por descomposición». También quiere decir «pérdida de la naturaleza original» y «perversión de alguien o de algo». El verbo «corromper», por su parte, procede del latín «*corrumpere*» y está compuesto por las raíces «cor» y «rumpere», que literalmente significan «corazón» y «romper». Así, corrupto es todo aquel cuyo corazón se ha roto.

Una vez nos corrompemos, empezamos a marginar nuestros valores y principios éticos esenciales —como la integridad, la honestidad o la generosidad— en beneficio de nuestro propio interés. Eso sí, por más actos corruptos que cometamos, jamás conseguimos llenar el gran vacío que sentimos en nuestro interior. Es entonces cuando nos convertimos en víctimas del *virus* de la codicia.

La codicia procede del latín *cupiditas*, que significa «desear, tener ganas de» y es sinónimo de «avidez» o «ansia excesiva». Es el afán por desear más de lo que tenemos; la ambición por querer más de lo que hemos conseguido. De ahí que no importe lo que hagamos o lo que tengamos; la codicia nunca se detiene. Siempre quiere más. Es voraz e insaciable por naturaleza. Actúa como un veneno que nos ciega el entendimiento, llevándonos a perder de vista lo que de verdad necesitamos.

Nunca es suficiente

Esencialmente, la codicia es una semilla que crece y se desarrolla en quienes padecemos un profundo vacío existencial. De hecho, nace de una carencia interior no saciada, y de la falsa creencia de que podrá ser suplida con poder, prestigio, dinero, reconocimiento, fama o lo que sea que codiciemos. Pero como nunca es suficiente, tarde o temprano nos lleva a corrompernos.

Entre otros efectos, la codicia provoca que nos mintamos y nos engañemos a nosotros mismos, encontrando siempre excusas para justificar nuestras decisiones y actos corruptos. Eso sí, la sombra de nuestra conciencia nos persigue de por vida. De ahí que por más que *tengamos* y *consigamos*, a menos que soltemos la codicia, nos *sintamos* desdichadas. Principalmente porque nuestro anhelo de bienestar jamás se alcanza *acumulando* y *poseyendo* aquello que en realidad no necesitamos.

Una vez llegamos a la cima del *tener*, la avaricia nos esclaviza al miedo a perder lo que hemos conseguido. De ahí que nos volvamos todavía más inseguros y desconfiados, invirtiendo mucho tiempo y dinero en protegernos y proteger lo que poseemos. Esta es la razón por la que en muchos casos terminamos aislándonos de los demás, generando que nuestra sensación de ansiedad aumente y nuestro nivel de paranoia se multiplique.

En paralelo, intentamos compensar nuestro malestar con el placer y la satisfacción a corto plazo que nos proporciona el consumo materialista, incrementando año tras año la calidad y la cantidad de nuestros bienes y posesiones. Eso sí, para conseguirlo necesitamos cada vez más dinero, lo que nos lleva a cometer estafas y fraudes de todo tipo. Por más que lo intentemos, los parches no pueden tapar por mucho tiempo nuestro gigantesco vacío interior. Siempre terminan reventando.

La riqueza material es como el agua salada;
cuanto más se bebe, más sed da.

ARTHUR SCHOPENHAUER

IV. El laberinto de las relaciones

La única relación auténtica y duradera que vamos a vivir a lo largo de toda nuestra vida es la relación que mantenemos con nosotros mismos. El resto de relaciones no son más que un juego de espejos y proyecciones.

Jiddu Krishnamurti

Agobiado por sus conflictos internos, un joven alumno fue a visitar a su anciano profesor. Y entre lágrimas, le confesó: «He venido a verte porque me siento tan poca cosa que no tengo fuerzas ni para levantarme por las mañanas. Todo el mundo dice que no sirvo para nada, que soy inútil y mediocre. ¿Qué puedo hacer para que me valoren más?». El profesor, sin mirarlo a la cara, le respondió: «Lo siento, chaval, pero ahora mismo no puedo atenderte. Primero debo resolver un problema que llevo días posponiendo». Y haciendo una pausa, añadió: «Si tú me ayudas primero, tal vez luego yo pueda ayudarte a ti».

El joven, cabizbajo, asintió con la cabeza. «Por supuesto, profesor, dime qué puedo hacer por ti.» Pero más allá de sus palabras, el chaval se sintió nuevamente desvalorizado. El anciano se sacó un anillo que llevaba puesto en el dedo meñique y se lo entregó al joven. «Estoy en deuda con una persona y no tengo suficiente dinero para pagarle», le explicó. «Ahora ve al mercado y vende este anillo. Eso sí, no lo entregues por menos de una moneda de oro». Seguidamente, el chaval cogió el anillo y se fue a la plaza mayor.

Una vez ahí, empezó a ofrecer el anillo a los mercaderes. Pero al pedir una moneda de oro por él, algunos se reían y otros se ale-

jaban sin mirarlo... Derrotado, el chaval regresó a casa del profesor. Y nada más verlo, compartió con él su frustración: «Lo siento, profesor, pero es imposible conseguir lo que me has pedido. Como mucho me daban dos monedas de plata. Nadie se ha dejado engañar sobre el valor del anillo». El anciano, atento y sonriente, le contestó: «No te preocupes. Me acabas de dar una idea. Antes de ponerle un nuevo precio, primero necesitamos saber el valor real del anillo. Anda, ve al joyero y pregúntale cuánto cuesta. Y no importa cuánto te ofrezca. No lo vendas. Vuelve de nuevo con el anillo».

Y eso fue lo que hizo el joven. Tras un par de minutos examinando minuciosamente el anillo, el joyero lo pesó y con un tono de lo más serio, le indicó: «Menuda maravilla has traído. Dile a tu profesor que esta joya vale como mínimo 50 monedas de oro». Y el chico, incrédulo, se fue corriendo para comunicárselo a su profesor.

El chaval llegó emocionado a casa del anciano y compartió con él lo que el joyero le había dicho. «Estupendo, gracias por la información. Ahora siéntate un momento y escucha con atención», le pidió. Y mirándole directamente a los ojos, añadió: «Tú eres como este anillo, una joya preciosa que solamente puede ser valorada por un especialista. ¿Pensabas que cualquiera podía descubrir su verdadero valor?». Y mientras el profesor volvía a colocarse el anillo en su dedo meñique, concluyó: «Todos somos como esta joya. Valiosos y únicos. Y andamos por los mercados de la vida pretendiendo que personas inexpertas nos digan cuál es nuestro auténtico valor».[23]

14. La ley del espejo

Para saber cuál es nuestro grado de sabiduría o de ignorancia en el arte de vivir, basta con verificar cuál es el nivel de satisfacción o de insatisfacción en nuestras relaciones. ¿Hemos tenido últimamente algún rifirrafe con alguna de las personas que forman parte de nuestra existencia? ¿Nos llevamos estupendamente con todas ellas? ¿Hay alguna que nos saque de quicio o a la que no soportemos especialmente? ¿Tenemos algún enemigo? Es decir, alguien con quien hayamos tenido un conflicto y le guardemos rencor.

Puede que ahora mismo pensemos que no es culpa nuestra; que somos *buenas* personas y que hemos tenido *mala* suerte por tener que pasar tiempo en compañía de gente tóxica o complicada. Sin embargo, estos sentimientos suelen ser recíprocos. Sea como fuere, de tanto discutir en ocasiones agarramos tremendas *borracheras* de *cianuro*.

Eso sí, una vez finalizado nuestro encontronazo emocional, solemos arrepentirnos de lo sucedido. Y entonces, ¿por qué juzgamos a los demás? ¿Por qué nos peleamos tan a menudo? Y en definitiva, ¿por qué odiamos a otras personas? En general, llevamos a cabo estas conductas tan destructivas porque carecemos de la comprensión y el entrenamiento necesarios para relacionarnos de forma más consciente y madura.

De hecho, solemos creer que los demás pueden herirnos emocionalmente si dicen o hacen cosas con las que no estamos de acuerdo. Pero eso no es del todo cierto. La raíz de nuestro sufrimiento no está afuera, sino adentro: es nuestra reacción automática a lo que los demás dicen o hacen. Y esta reactividad se desencadena como consecuencia de ver e interpretar lo que nos sucede de forma excesivamente subjetiva. Es decir, queriendo que los demás se amolden a los deseos, necesidades y expectativas de nuestro ego.

De ahí que el egocentrismo sea la causa última de nuestro sufrimiento. Y dado que nuestro estado de ánimo condiciona la percepción que tenemos de lo que nos pasa, llega un punto en que nuestro grado de malestar nos impide —literalmente— establecer vínculos pacíficos y armoniosos con los demás. Prueba de ello es que las personas más amargadas son también las más conflictivas.

Mirarse en el espejo

Para mejorar nuestras relaciones primero hemos de *hacer las paces* con el único *enemigo* que hemos tenido, que tenemos y que podemos seguir teniendo a lo largo de nuestra vida. Y para conocerlo basta con que nos miremos en el espejo: son todas las *creencias* erróneas y limitantes con las que distorsionamos nuestra manera de ver a los demás. No en vano, lo externo es siempre un reflejo de lo interno, pues lo que se observa es en realidad una proyección del observador. Y es que no vemos a los demás como son, sino como somos nosotros.

Pero ¿en qué consiste este fenómeno psicológico conocido como «la ley del espejo» o «proyección»? Se trata de un mecanismo de defensa mediante el cual atribuimos a los demás aquellos rasgos de nuestra personalidad que no queremos ver ni reconocer en nosotros por resultarnos dolorosos e inaceptables. Es decir, que al no afrontar ni trabajar sobre nuestro lado oscuro —o sombra— canalizamos nuestras miserias internas entrando en conflicto con los demás. Tanto es así, que nuestros enemigos no son las personas que nos odian —el odio que ellos sienten es asunto suyo—, sino las personas a las que nosotros odiamos. Principalmente porque este odio es puro *cianuro* para nuestro corazón.

En la medida que disolvemos a nuestro *enemigo* interno por medio de la comprensión dejamos de proyectar nuestra ignorancia hacia el exterior. Al hacer consciente e iluminar nuestra sombra —nuestros traumas, heridas, complejos, carencias, inseguridades, miedos y frustraciones—, ya no necesitamos falsos enemigos con los que luchar y a los que culpar de nuestro malestar. Y poco a poco —al reconectar con nuestro bienestar—

empezamos a interpretar lo que nos pasa con más objetividad y a ver a los demás con más neutralidad. Finalmente, cuando logramos apaciguar nuestra mente y nuestro corazón comprendemos que lo que sucede es *lo que es* y lo que hacemos con ello es *lo que somos*.

> Cuidado con la hoguera que enciendes contra tu enemigo,
> no sea que te chamusques a ti mismo.
>
> WILLIAM SHAKESPEARE

15. EL TEATRO SOCIAL

La sociedad se ha convertido en un teatro. Al haber sido *educados* para *comportarnos* y *actuar* de una *determinada* manera, muchos de nosotros nos hemos convertido en *personas* que se esconden detrás de una *personalidad*. En vez de mostrarnos auténticos, honestos y libres —siendo coherentes con lo que en realidad somos y sentimos—, solemos llevar una máscara puesta, por medio de la que interpretamos a un *personaje* del agrado de los demás.

La raíz etimológica de la palabra «persona» procede del vocablo griego *prosopon*, que significa «máscara». Si bien vivir bajo una careta nos permite sentirnos más cómodos y seguros, conlleva un precio muy alto: la desconexión de nuestra verdadera esencia. Y en algunos casos, de tanto llevar una máscara puesta podemos llegar a olvidarnos de quiénes éramos antes de ponérnosla. Lo cierto es que la sociedad contemporánea es una farsa llena de farsantes.

La paradoja es que cuanto más intentamos *aparentar* y *deslumbrar*, más revelamos nuestras carencias, inseguridades y complejos ocultos. De hecho, la vanidad no es más que una capa falsa que utilizamos para proyectar una imagen de triunfo y de éxito. Es decir, la máscara con la que en ocasiones cubrimos nuestra permanente sensación de fracaso y vacío. Si lo pensamos detenidamente, ¿qué es la respetabilidad? ¿Qué es el prestigio? ¿Qué es el estatus? ¿Qué tipo de *personas* lo necesitan? En el fondo no son más que etiquetas y sellos relucientes con los que cubrir la desnudez que sentimos cuando no nos valoramos por lo que somos.

En este sentido, ¿qué más da lo que piense la *gente*? De hecho, ¿quién es la *gente*? ¿Dónde está la *gente*? ¿Qué ocurre si la *gente* piensa *mal* de nosotros? Nuestra red de relaciones es en realidad un *espejismo*. En cada ser humano vemos reflejada nuestra propia humanidad. Por eso se dice que los demás no nos dan ni nos quitan nada; son *espejos* que nos muestran lo que tenemos y lo que nos falta. De ahí que la opinión de otras personas —sean quienes sean— solo tiene importancia si nosotros se la concedemos.

Y es que no importa quiénes seamos, qué decisiones tomemos o cómo nos comportemos. Hagamos lo que hagamos con nuestra vida, siempre tendremos admiradores, detractores y *gente* a quien resultemos indiferente. Pero entonces, si nuestras relaciones se sustentan sobre este juego de espejos y proyecciones, ¿por qué fingimos? ¿Por qué aparentamos ser lo que no somos? Seguramente por nuestra falta de autoestima. Dado que no hemos sido educados ni entrenados para ser emocionalmente inteligentes, en general no sabemos gestionar el torbellino de emociones, sentimientos y estados de ánimo que deambulan por nuestro interior.

Sanar la autoestima

Al vivir *rotos* por dentro, nos volvemos más vulnerables frente a nuestras circunstancias y mucho más influenciables por nuestro entorno familiar, social y profesional. Y al desconocer quiénes somos, dejamos que la *gente* que nos rodea moldee nuestra identidad con sus juicios y opiniones. Prueba de ello es que lo que piensen los demás empieza a ser más importante que lo que pensamos nosotros mismos. Así es como poco a poco cubrimos nuestra desnudez emocional con *vestidos* de segunda mano. Es decir, con las creencias, los valores y las aspiraciones de la mayoría.

Debido a las heridas provocadas por esta *lucha* interna entre lo que somos (nuestra esencia) y lo que deberíamos ser (nuestro personaje o ego), la experiencia del malestar facilita que nos creamos una de las grandes mentiras que preconiza este sistema: que nuestro bienestar y felicidad dependen de algo externo, empezando, cómo no, por lo que piense la gente de nosotros.

Bajo el embrujo de esta falsa creencia y de forma inconsciente, priorizamos el cómo nos *ven* al cómo nos *sentimos*. En paralelo, durante nuestros quehaceres cotidianos a veces nos mostramos arrogantes al interactuar con otras personas, creyendo que esta actitud es un síntoma de seguridad en nosotros mismos. En cambio, cuando nos infravaloramos, pensamos justamente lo contrario. Sin embargo, estas dos conductas opuestas representan las dos caras de una misma moneda: falta de autoestima.

Y entonces, ¿qué es entonces la autoestima? ¿Cómo podemos cultivarla? Etimológicamente, se trata de un sustantivo formado por el prefijo griego *autos* —que significa «por sí mismo»— y la palabra latina «*aestima*» —del verbo «*aestimare*»—, que quiere decir «evaluar», «valorar» y «tasar». Así, la autoestima podría definirse como la manera en la que nos valoramos a nosotros mismos. Y no se trata de «sobre» o «subestimarnos». La verdadera autoestima nace al vernos y aceptarnos tal como somos.

Para lograrlo, lo único que necesitamos es nuestra aprobación y aceptación, así como respetarnos y amarnos por el ser humano que somos, con nuestras cualidades y defectos. Y aunque parezca un asunto fácil de lidiar, suele dar para toda una vida de aprendizaje. Lo que está en juego es nuestra libertad para ser auténticos. Es decir, convertirnos en quienes verdaderamente somos, lo que a día de hoy supone un acto revolucionario.

> No hay amor suficiente en este mundo
> para llenar el vacío de una persona que no se ama a sí misma.
>
> IRENE ORCE

16. LA AMISTAD INTERESADA

Hay tantas maneras de entender y de vivir la amistad como seres humanos habitan en este mundo. Así, las motivaciones que nos llevan a relacionarnos con nuestros amigos son muy diferentes, así como las formas de practicar la amistad y los resultados de satisfacción que finalmente cosechamos. La «amistad adolescente», por ejemplo, suele caracterizarse por formar parte de un grupo de amigos con quienes el joven se siente identificado. La falta de autoestima y confianza típicas de esta época suelen derivar en el desarrollo de una personalidad colectiva. Y esta no solo promueve una única manera de pensar y de comportarse, sino que también limita la esencia individual de cada uno de los miembros.

Amparados por el cálido refugio que representa su grupo de amigos, muchos adolescentes tratan desesperadamente de posponer enfrentarse a su sombra. Es decir, a su miedo a la soledad (por estar en conflicto consigo mismos), al vacío (por no saber disfrutar sin estímulos externos) y a la libertad, lo que pone de manifiesto que temen tomar las riendas de su vida. Por eso muchos de ellos suelen compartir una cierta inclinación por la evasión y la narcotización.

Lo curioso de la amistad adolescente es que se sabe cuándo empieza, pero no cuándo termina. En algunos casos, la presión ejercida por el grupo es tan alta y la autoestima de sus miembros tan baja, que siguen reuniéndose con la misma frecuencia incluso cuando la media de edad de la *pandilla* ha superado la treintena. Como en cualquier otra relación afectiva construida sobre el apego emocional, tomar la decisión de romper con el grupo es un asunto difícil y, en ocasiones, doloroso.

De hecho, muchos siguen *fichando* por no soportar el sentimiento de culpa que implica sentir que están *abandonando* a los amigos. En otros casos se mantiene este vínculo por una cuestión de comodidad e inercia. Principalmente porque se carece de una alternativa social más acorde con las nuevas necesidades vitales. Eso sí, dado el carácter insostenible de este tipo de vínculo, estos grupos cerrados de amigos suelen irse desmembrando con los años.

Y lo hacen poco a poco, en la medida que sus miembros van conectando de forma individual con otras motivaciones, como pueden ser el compromiso sentimental y familiar, la carrera profesional o, simplemente, el sentir que se ha *quemado* una etapa y que es hora de pasar página. Así es como finalmente la dinámica establecida por el grupo deja de tener sentido, provocando que —en muchos casos— se pierda el interés y la necesidad de seguir en contacto con estos amigos.

La amistad por interés, obligación o necesidad

Una vez superada la amistad adolescente, en general empezamos a cultivar la «amistad adulta». Y esta suele estar limitada por tres motivaciones que nos influyen de forma inconsciente. La primera es el «interés», que se refleja —sobre todo— en las relaciones que mantenemos en nuestro ámbito profesional. Así, muchos consideramos como «amigo» a aquellas personas que nos aportan algún tipo de beneficio profesional o económico. Por eso, en cuanto se termina el interés suele desaparecer la relación de *amistad.*

La segunda motivación que más determina nuestros vínculos afectivos en la edad adulta es la «obligación». Y esta se da especialmente en nuestro ámbito social y familiar. La mayoría nos relacionamos con según qué personas no porque queramos o nos apetezca, sino porque sentimos que *tenemos que* hacerlo. Al tener lazos en común, parece como si *debiéramos de* mantener algún tipo de vínculo amistoso.

Lo cierto es que en cada núcleo familiar se han establecido una serie de ritos y tradiciones, que en muchos casos son impuestos por la propia sociedad. Cenas navideñas, bodas, bautizos, cumpleaños, aniversarios especiales, fiestas mayores y un largo etcétera componen esta lista de compromisos sociales que, aunque nunca hemos asumido, se da por hecho que *hemos de* cumplir. Esta es la razón por la que algunos de estos encuentros resultan algo forzados; por eso a veces surgen los elocuentes silencios incómodos.

Por último, también creamos vínculos basados en la «necesidad». Esta motivación inconsciente está basada en la falsa creencia de que nuestra felicidad depende de la relación que mantenemos con los demás, especialmente con nuestra pareja y con nuestros amigos. De hecho, esta necesidad pone de manifiesto que todavía no hemos aprendido a ser felices por nosotros mismos y que seguimos sin haber resuelto nuestras carencias y conflictos internos. De ahí que sin darnos cuenta solamos apegarnos emocionalmente a nuestras amistades.

Y he aquí el quid de la cuestión. La amistad adulta basada en el interés, la obligación y la necesidad es utilitarista. Es decir, utiliza a los *amigos* como un medio para conseguir nuestros fines. Y lo cierto es que comparte un rasgo en común con la amistad adolescente: al construirse sobre expectativas carece por completo de libertad. Esta es la razón por la que cuando practicamos este tipo de *amistad* solemos cosechar conflictos, frustraciones y decepciones, pues de forma inconsciente esperamos que nuestros *amigos* se relacionen con nosotros de una determinada manera. De hecho, el sentir que un amigo nos está fallando es un signo inequívoco de que nuestra relación esconde una sutil forma de control y esclavitud.

La paradoja es que mientras necesitamos y dependemos de nuestros amigos, somos incapaces de respetarlos y amarlos. Para verificar esta afirmación, basta con observar la manera en la que reaccionamos cada vez que toman decisiones, actitudes o comportamientos que no nos benefician o que directamente nos perjudican. ¿Cómo nos sentimos cuando nos anulan un plan a última hora? ¿Y cuándo no nos devuelven las llamadas durante unos días? ¿Cómo nos afecta el hecho de que prioricen a otras personas antes que a nosotros mismos? La respuesta a estas preguntas pone de manifiesto el grado de libertad, de respeto y de confianza que goza la relación que mantenemos con nuestros amigos.

Si bien es cierto que somos seres sociales, la verdadera sociabilidad siempre comienza dentro de uno mismo. Sobre todo porque nadie más puede conocer y saciar nuestras necesidades y motivaciones más profundas. De ahí que para cultivar una amistad sana, auténtica y madura con otras personas primero hemos de aprender a convertirnos en nuestro mejor amigo. Y es que cuanto más disfrutemos de nuestra propia compañía, mayor será nuestra capacidad de enriquecer con nuestra presencia la vida de los demás.

> El instinto social de los hombres no se basa en el
> amor a la sociedad, sino en el miedo a la soledad.
>
> ARTHUR SCHOPENHAUER

17. LA PAREJA ENJAULADA

El amor es una palabra muy maltratada por la sociedad. Tanto es así, que en un primer momento suele confundirse con estar enamorado. Pero nada más lejos de la realidad. El enamoramiento es un estado de atracción y pasión que suele durar entre seis meses y dos años, estrechamente relacionado con nuestra necesidad biológica de procreación. Dicho de otra manera: es el *hechizo* que nos atrapa cuando operamos según nuestro instinto de supervivencia, que entre otras cuestiones nos impulsa a garantizar la continuidad de nuestra especie.

Mientras estamos enamorados, nos obsesionamos con la persona *amada*, queriendo estar a su lado todo el tiempo y a cualquier precio. Además de nublarnos la razón, nos vuelve adictos al objeto de nuestro deseo. A nivel psicológico, el enamoramiento nos lleva a distorsionar la realidad, proyectando una imagen idealizada sobre nuestra pareja. De hecho, estamos tan cegados por el intenso torbellino emocional que sentimos, que no vemos al otro tal como es, sino como nos gustaría que fuese.

Y en base a esta visión deformada, muchos nos casamos, tenemos hijos o tomamos otro tipo de importantes decisiones que son determinantes para nuestro futuro afectivo. Una vez se desvanecen los efectos del enamoramiento, empezamos a vernos tal y como realmente somos. Y es entonces cuando se pone de manifiesto el verdadero compromiso de la pareja, pudiendo cultivar un amor consciente, sano, nutritivo y duradero.

Lo cierto es que muy pocas parejas saben mantener encendida la llama de su amor. Por más que nos juremos amor eterno delante de familiares y amigos, se estima que más de siete de cada 10 matrimonios acaban en divorcio. Sea como fuere, muy pocos nos damos por vencidos. En la medida que nuestro corazón está más o menos recuperado, volvemos a abrirlo con la esperanza de conocer a alguien con quien volver a llenarlo de amor.

La sombra de los celos

La paradoja inherente a nuestros vínculos afectivos es que todos deseamos ser queridos, pero ¿cuántos amamos realmente?

Y es que una cosa es «querer» y, otra muy distinta, «amar». Así, queremos cuando sentimos un vacío y una carencia que creemos que el otro *debe* llenar con su amor. En cambio, amamos cuando experimentamos abundancia y plenitud, convirtiéndonos en cómplices del bienestar de nuestra pareja. A menos que cada uno de los dos amantes se responsabilice de ser feliz por sí mismo, la relación puede convertirse en un campo de batalla. De hecho, muchas parejas terminan encerrando su amor en la cárcel de la dependencia emocional. Y esta se refuerza por medio del llamado «amor romántico», el cual emplea afirmaciones del tipo: «Sin ti no soy nada». «Eres el amor de mi vida». «Te necesito». «No puedo pasar un día entero sin saber de ti». «Soy celoso porque te amo». «Por ti sería capaz de matar»...

Este tipo de frases hechas suelen pronunciarse en el seno de una «pareja enjaulada». Es decir, condicionada por el virus emocional del apego. Al creer que nuestra felicidad depende de la persona que queremos, destruimos cualquier posibilidad de amarla. Bajo el embrujo de esta falsa creencia, nace en nuestro interior la obsesión de poseerla, de garantizar que esté siempre a nuestro lado. Y el miedo a perderla nos lleva a tomar actitudes defensivas y conductas preventivas. Es entonces cuando aparecen los «celos». Etimológicamente, esta palabra proviene del griego *zelos*, que significa «recelo que se siente de que algo nos sea arrebatado». Son un síntoma que revela que vemos a nuestra pareja como *algo* que nos pertenece.

Además, al estar apegados no la amamos por lo que es ni respetamos lo que le gusta hacer, sino que intentamos cambiarla para adecuarla a nuestros deseos, necesidades y expectativas. Es decir, a la imagen que hemos construido en nuestra mente acerca de cómo nuestra pareja debería ser. Y así el conflicto está garantizado, resquebrajando nuestro vínculo por medio de peleas, tensiones y resentimientos.

Por si fuera poco, con el tiempo nuestro cerebro va tejiendo una red neuronal, en la que se archivan todos esos desagradables episodios de violencia psicológica. Esta es la razón por la que a veces —cuando la relación está muy deteriorada— basta un simple comentario para que iniciemos una nueva y acalorada discusión. De ahí que haya parejas que más allá de separarse, han terminado literalmente destruyéndose, transformando su amor en odio.

Si lo pensamos detenidamente, este tipo de relaciones enjauladas entrañan una curiosa ironía: parece como si no pudiéramos vivir con nuestra pareja, pero tampoco sin ella. Prueba de ello es que las consultas de los terapeutas están llenas de pacientes que han convertido estos vínculos afectivos en una adicción muy difícil de superar. De hecho, algunas personas temen enamorarse y comprometerse de nuevo por temor a volver al infierno que supone separarse del ser querido.

Al haber delegado nuestro bienestar en el otro, muchos terminamos olvidándonos de nosotros mismos. Por eso las rupturas sentimentales son una de las experiencias más traumáticas, pero a la vez más transformadoras de nuestra vida. De nuevo a solas, cara a cara con nuestra propia autoestima, podemos tomar consciencia de que nuestra felicidad —antes de ser compartida— ha de brotar primero dentro de nosotros mismos. Por más que nos lo hayan hecho creer, no somos *medias naranjas*, sino *naranjas enteras*.

> Si dependes de tu pareja para ser feliz,
> al final te quedarás sin pareja y sin felicidad.
>
> Erich Fromm

18. La paternidad inconsciente

No existe ningún otro *oficio* en el mundo que requiera tanta dedicación y compromiso. Va mucho más allá de cualquier jornada completa. Ser madre o padre implica responsabilizarse de la manutención, la protección y la educación de un hijo hasta que este es capaz de valerse por sí mismo emocional y económicamente. Así, adentrarse en la paternidad y la maternidad supone un punto de inflexión radical en nuestro camino vital. Es común escuchar a la gente decir que «tener hijos te cambia la vida para siempre». Y también que «los hijos despiertan lo mejor y lo peor de uno mismo».

La paradoja es que a lo largo de nuestro proceso de educación nadie nos enseña a ejercer esta nueva función biológica. Tarde o temprano muchos nos vemos sosteniendo en nuestros brazos a un recién nacido, sin duda alguna la criatura más frágil, inocente y hermosa que habita en este mundo. Y es en ese preciso momento cuando la ilusión se ve empañada por el miedo.

Esencialmente porque nos damos cuenta de que —en general— no tenemos ni idea de lo que se supone que deben hacer. El único conocimiento que atesoramos es el ejemplo de nuestros propios progenitores. Esta es la razón por la que a la gran mayoría no nos queda más remedio que aprender a través de nuestra propia experiencia. Un proceso que, irremediablemente, nos lleva a cometer muchos errores.

Llegados a este punto, cabe preguntarse: más allá de la necesidad biológica de preservar nuestra especie, ¿por qué los seres humanos decidimos tener descendencia? O mejor dicho, ¿para qué? Muchas personas reconocen que tienen hijos para sentirse realizados. E incluso algunos —algo más perdidos— confiesan que los tuvieron para intentar arreglar su relación de pareja.

Sin embargo, la mayoría jamás se hace este tipo de preguntas. Simplemente tienen hijos porque es lo que hace todo el mundo. De este modo cumplen con lo que la familia espera de ellos como adultos. Sea como fuere, lo normal en esta sociedad es embarcarse en la aventura de ser padres desde una perspectiva totalmente egocéntrica. De este modo, los hijos se convierten en un juguete con el que entretenernos y escapar así del aburrimiento, el vacío y la monotonía de una vida carente de propósito y sentido.

Si bien estas motivaciones son absolutamente legítimas, antes de dar el importante paso de la paternidad nunca está de más reflexionar dicha decisión detenidamente. Desde un punto de vista emocional, ¿estamos verdaderamente preparados para asumir la responsabilidad que implica ser padres? Si aplicamos el sentido común, concluimos que antes de atender emocionalmente a nuestros hijos, primero hemos de haberlo hecho con nosotros. Y esto supone contar con la comprensión suficiente para gozar de una vida equilibrada y plena. Solo así asumiremos nuestro nuevo rol de forma madura y responsable.

No hemos de olvidar que ser padre es un milagro biológico; es el don más preciado de nuestra existencia y requiere de cierto esfuerzo por nuestra parte para ser dignos de disfrutarlo. A menos que hayamos aprendido a ser verdaderamente felices por nosotros mismos, difícilmente podremos ser cómplices de la felicidad de nuestros hijos.

Jueces, víctimas y verdugos

Es curioso constatar que no hay relaciones más amorosas y a la vez tan conflictivas como las que se crean en el seno de la familia. Con los años, nuestro hogar puede convertirse en un nido de cariño y ternura, pero también en un tribunal frío y despiadado, en el que cada miembro asume los roles de juez, verdugo y víctima. Además, en el nombre de la confianza parece como si tuviéramos carta blanca para decir lo que pensamos sin tener que pensar en lo que decimos. En ocasiones y casi sin darnos cuenta, terminamos pagando nuestro malestar los unos con los otros, abriendo heridas difíciles de cicatrizar.

Pero ¿cuál es la raíz de todos estos problemas y conflictos? Si bien no existe una sola respuesta, todas ellas apuntan en una misma dirección: la «paternidad inconsciente». Se trata de un fenómeno que viene repitiéndose a lo largo de los siglos, y que va traspasándose de generación en generación por medio del condicionamiento promovido por el orden social establecido.

En este sentido, los padres inconscientes a menudo creen que sus hijos son una más de sus posesiones, y en vez de darles lo que verdaderamente necesitan (afecto, atención, aceptación, libertad y mucho amor) proyectan sobre sus retoños sus miedos, carencias y frustraciones. También les inculcan una serie de creencias, prioridades, aspiraciones y valores prefabricados que definen quiénes han de ser, cómo deben comportarse y de qué manera deben vivir.

La paternidad inconsciente no tiene como finalidad desarrollar el potencial único inherente a cada recién nacido, sino garantizar que este se convierta en un adulto *normal*, alineado con los cánones de pensamiento y de comportamiento mayoritarios en nuestra sociedad. Así es como poco a poco la inocencia va siendo sepultada por una capa de ignorancia, obstaculizando que cada ser humano realice su propio descubrimiento de la vida. Y es que una cosa es poner límites y otra, bien distinta, imponer limitaciones.

Lo curioso es que los padres inconscientes hacen con sus hijos exactamente lo que les hicieron a ellos cuando eran niños. De ahí que no haya nadie a quien culpar. Todos somos hijos de víctimas, que a su vez son hijos de víctimas, que a su vez fueron hijos de víctimas... Independientemente del impacto tan nocivo que tiene este tipo de adoctrinamiento sobre las nuevas generaciones, cabe señalar que todos los padres lo hacen lo mejor que pueden. Y como no podía ser de otra manera, muchos no lo comprendemos hasta que pasamos por la misma experiencia.

Tener hijos no nos hace madres ni padres,
del mismo modo que tener un piano no nos convierte en pianistas.

MICHAEL LEVINE

V. La resistencia al cambio

Nadie es más esclavo
que quien falsamente cree ser libre.

Johann W. Goethe

Un veterano mercader de camellos atravesaba el desierto del Sahara junto con su hijo adolescente, que era la primera vez que lo acompañaba. Al caer la noche, decidieron acampar en un acogedor oasis. Tras levantar la tienda, padre e hijo empezaron a clavar estacas en el suelo para atar con cuerdas los camellos. Al cabo de un rato, el joven se dio cuenta de que tenían un problema. Quedaba un camello sin atar y se habían quedado sin estacas y cuerdas.

«¿Cómo atamos este camello?», preguntó inquieto a su padre. Y el mercader, que llevaba muchos años recorriendo el desierto, le contestó, sonriente: «No te preocupes, hijo. Estos animales son muy tontos. Haz ver que le pasas una cuerda por el cuello y luego simula que lo atas a una estaca. Así permanecerá quieto toda la noche».

Eso es precisamente lo que hizo el chaval. El camello, por su parte, se quedó sentado e inmóvil, convencido de que estaba atado y de que no podía moverse. A la mañana siguiente, al levantar el campamento y prepararse para continuar el viaje, el hijo empezó a quejarse a su padre de que todos los camellos le seguían, excepto el que no habían atado.

«¡No sé qué le pasa a este camello!», gritó indignado. «Parece como si estuviera inmovilizado.» Y el mercader, sin perder la sonrisa, le replicó: «¡No te enfades, hijo! El pobre animal cree que sigue atado a la estaca. Anda, ve y haz ver que lo desatas».[24]

Existen tantas maneras de comprender y de disfrutar de la vida como seres humanos habitan en el mundo. Sin embargo, al haber sido condicionados para seguir un determinado estilo de vida se ha consolidado el denominado «pensamiento único». Es decir, la manera normal y común que tenemos la mayoría de pensar, de comportarnos y de relacionarnos. Prueba de ello es que al entrar en la edad adulta solemos ser víctimas de «la patología de la normalidad».[25]

Esta sutil enfermedad consiste en creer que lo que la sociedad considera «normal» es lo bueno y lo correcto para cada uno de nosotros, por más que vaya en contra de nuestra verdadera naturaleza. Para verificar esta afirmación basta con ir a una cafetería y pedir una infusión. En algunas ocasiones —si el local cuenta con una amplia gama de opciones— el camarero coge una bolsita prefabricada con una mano y un cuenco lleno de ramitas y hojas secas con la otra. Y seguidamente, pregunta: «¿Normal o natural?».

Por más inocente que pueda parecer esta decisión, contiene uno de los grandes interrogantes que plantea nuestra actual forma de vivir. Esencialmente porque en nuestra sociedad lo *normal* no tiene nada que ver con lo *natural*. De ahí que nos hayamos convertido en quienes no somos, siguiendo un camino fabricado por otros.

No en vano, el pensamiento único es la herramienta perfecta para preservar y consolidar el orden social establecido o *establishment*. Se trata de un mecanismo de poder y de control social que se viene empleando desde que los seres humanos comenzamos a organizarnos en comunidades. De ahí que su raíz etimológica proceda de la frase latina *statu quo*, que significa «estado del momento actual».

Frente al contexto socioeconómico en el que nos encontramos, cabe preguntarse: ¿quién mueve los hilos en nuestra sociedad? ¿Qué tipo de fuerzas *determinan* que nuestras vidas sean como son? ¿Cómo funciona el *statu quo*? Lejos de promover ninguna teoría de la conspiración, basta simplemente con mirarnos en el espejo. Dado que solemos *pensar* que somos como somos y que no podemos cambiar, en general *creemos* que el sistema es como es y que no puede transformarse. Así, nuestras circunstancias externas son siempre una proyección de nuestra realidad interna; por medio de nuestras *creencias*, *co-creamos* constantemente el tablero de juego de la economía.

Ahora mismo, por ejemplo, muchas de nuestras decisiones y conductas están regidas —de forma involuntaria e inconsciente— por el miedo, el control y el instinto de supervivencia. Por eso solemos llevar una existencia orientada a saciar nuestro propio interés. Y dado que la sociedad no es más que la proyección de cómo pensamos y actuamos cada uno de nosotros, las estructuras socioeconómicas que hemos ido creando suelen organizarse de forma jerárquica, autoritaria y totalitaria, permitiendo que una minoría de individuos domine a una gran mayoría.

Que nada cambie y todo siga igual

El objetivo de todas estas instituciones establecidas no es promover nuestro bienestar. Y mucho menos cuidar y respetar la salud del planeta que todos compartimos. Su principal finalidad es preservarse en el poder para garantizar su propia supervivencia económica. Y dada la enorme influencia que tienen sobre nuestra sociedad, en parte lo consiguen manteniendo el orden social establecido.

De este modo, la élite financiera, empresarial, política y religiosa suele preservar el actual estado de las cosas con los medios y mecanismos de los que dispone. El objetivo es conseguir que los miembros que forman parte de la sociedad impongan sobre las nuevas generaciones unas *determinadas* creencias, valores, prioridades y aspiraciones con los que perpetuar el modo de funcionar del sistema, el cual —claro está— favorece a los intereses de dicha élite. De ahí que la función subyacente del *statu quo* sea que nada cambie y todo siga igual.

Prueba de ello es que ahora mismo, por ejemplo, contamos con la tecnología suficiente para obtener energía de un modo más limpio, abundante y sostenible.[26] Sin embargo, la industria energética establecida —la que ostenta el poder hoy en día— promueve la creencia de que las energías renovables —solar, eólica, mareomotriz y geotérmica (procedente del calor interior de la tierra)— no son suficientes para autoabastecernos como especie.

Dado que apenas hemos desarrollado el inmenso potencial que estas energías renovables pueden ofrecernos —en parte porque son más caras que las convencionales—, dicha propaganda oficial se utiliza para seguir perpetuando la estructura de lucro que sus diversas corporaciones han creado en torno a los medios de extracción tradicionales.

Este es uno de los motivos por los que los combustibles fósiles —el petróleo, el carbón y el gas natural— siguen siendo las fuentes de energía predominantes, por más que sean altamente contaminantes, escasas e insostenibles. Lo cierto es que la industria energética establecida es, en esencia, un monopolio empresarial que tiene miedo de reducir drásticamente su cuota de mercado y, por consiguiente, los beneficios económicos que posibilitan su supervivencia. De ahí que en la medida de lo posible trate de impedir el crecimiento de las energías renovables.

Cabe señalar que esta orientación patológica al propio interés —que promueve la competencia en detrimento de la cooperación y el bien común— es exactamente la misma en cualquier sector económico. De hecho, los diferentes *lobbies* (o grupos de poder) cuentan con la influencia y los medios necesarios para hacernos creer que el actual estado de las cosas es el único posible. Esta es su estrategia para justificar su presencia y prolongar su existencia, obstaculizando una manera alternativa y más evolucionada de organizarnos como sociedad y de relacionarnos con el medio ambiente que posibilita nuestra subsistencia. Por todo ello, el *statu quo* es un enemigo invisible que atenta contra la humanidad y contra el planeta.

> El cambio nunca es doloroso.
> Lo que duele es la resistencia al cambio.
>
> SIDDHARTA GAUTAMA 'BUDA'

20. LAS CADENAS MENTALES INVISIBLES

Aunque es evidente que el orden social establecido cuenta con una serie de mecanismos para preservar su poder, su influencia y su control sobre los individuos, en última instancia somos libres para tomar decisiones con las que construir nuestro propio camino en la vida. De ahí que si nada se transforma es porque —en primer lugar— la mayoría de nosotros nos resistimos a cambiar. No en vano, la conservación de las estructuras tradicionales que conforman el *statu quo* es posible debido a nuestra tendencia a apegarnos ciegamente a las creencias con las que hemos sido condicionados.

A este fenómeno se le denomina «materialismo intelectual»,[27] que podría ilustrarse por medio del refrán popular «más vale malo conocido que bueno por conocer». Al rechazar ideas nuevas, diferentes y desconocidas, solemos quedarnos anclados en nuestra zona de comodidad incluso cuando esta nos genera malestar. Lo cierto es que no nos gusta cambiar porque a menudo lo hemos hecho cuando no nos ha quedado más remedio. Por eso lo solemos asociar con la frustración y la vergüenza que conlleva sentir que nos hemos equivocado.

Esta es la razón por la que nuestra resistencia al cambio nos convierte en cómplices guardianes del *statu quo*, actuando como ovejas que no necesitan pastor. En general no se nos ocurre cuestionar los fundamentos sobre los que se edifica la sociedad. Más que nada porque dicha actitud implicaría dar el primer paso hacia una dirección aterradora: cuestionarnos a nosotros mismos. Es decir, al sistema de *creencias* con el que hemos *creado* nuestro falso concepto de identidad.

Al obedecer las directrices *determinadas* por la mayoría, hacemos todo lo posible para no salirnos del camino trillado, lo que nos impide explorar y acceder a nuevas formas de crecimiento y aprendizaje. Encadenados a la ilusión de llevar una existencia segura, solemos ridiculizar e incluso oponernos agresivamente a quienes confían en sí mismos y se salen de la corriente mayoritaria, proponiendo una manera alternativa de hacer las cosas. Prueba de ello es que a estos individuos se les suele tachar de «raros» e incluso de «locos».

En este sentido, existen siete cadenas mentales invisibles cuya función es la de garantizar la parálisis psicológica de la sociedad. En esencia, son todos aquellos grilletes interiores que nos autoboicotean, limitan e impiden promover cambios constructivos en nuestra manera de ver, entender y disfrutar de la vida.

Miedo y autoengaño

Así es como intentamos desesperadamente alejarnos del dolor que hemos ido acumulando durante nuestra existencia. Hemos de ser muy honestos, humildes y valientes para querer entrar en contacto con los residuos emocionales derivados de las *botellas* de *cianuro* que hemos ido bebiendo —*chupito* a *chupito*— desde que comenzamos a operar según los parámetros victimistas y reactivos que constituyen la psicología del egocentrismo.

La primera cadena mental es el «miedo». Sin duda alguna, el más utilizado por el *statu quo* como mecanismo de control social. Cuanto más temor e inseguridad experimentamos los individuos, más deseamos que nos proteja la sociedad. Basta con *bombardear* a la población con noticias y mensajes con una profunda carga negativa y pesimista. Sobre todo porque está demostrado que estos se instalan en algún oscuro rincón de nuestro inconsciente, alimentando así a nuestro instinto de supervivencia. Además, cuando vivimos con miedo nos sentimos mucho más vulnerables y amenazados. Y al buscar todo tipo de seguridades y certezas, cerramos las puertas de nuestra mente y nuestro corazón a lo nuevo y lo desconocido.

Dado que el cambio es el mayor enemigo del miedo, enseguida aparece en escena el segundo grillete: el «autoengaño». Es decir, mentirnos a nosotros mismos —por supuesto sin que nos demos cuenta— para no tener que enfrentarnos a los temores e inseguridades inherentes a cualquier proceso de transformación y de reinvención. Para lograrlo, basta con mirar constantemente hacia otro lado, tratando de no pensar ni hablar sobre aquellos temas y asuntos que puedan incomodarnos.

Por esta razón, el autoengaño suele dar lugar a la tercera cadena mental: la «narcotización». Y aquí todo depende de los gustos, preferencias y adicciones de cada uno. Lo cierto es que la sociedad contemporánea promueve infinitas formas de entretenimiento, que nos permiten evadirnos de nuestros pensamientos, emociones y estados de ánimo las veinticuatro horas del día. Así es como intentamos sepultar nuestra latente crisis existencial. Dado que en general huimos permanentemente de nosotros mismos, lo más común es encontrarnos con personas que —al igual que nosotros— no van hacia ninguna parte.

Resignación, arrogancia y cinismo

Con el tiempo, esta falta de propósito y de sentido suele generar la aparición del cuarto grillete: la «resignación». Cansados físicamente y agotados mentalmente, decidimos conformarnos, sentenciando en nuestro fuero interno que «la vida que llevamos es la única posible». Es entonces cuando asumimos definitivamente el papel de víctimas frente a nuestras circunstancias y, por consiguiente, frente a la vida.

Puesto que el victimismo se sostiene sobre un sistema de creencias erróneo y limitante, en caso de sentirnos cuestionados solemos defendernos impulsivamente por medio de la quinta cadena mental: la «arrogancia». Esta es la razón por la que solemos ponernos a la defensiva frente a aquellas personas que piensan de forma diferente a nosotros, insinuándonos que el cambio todavía es posible. Al mostrarnos soberbios e incluso prepotentes, lo que intentamos es preservar nuestra identidad rígida y estática, de manera que no nos veamos obligados a cambiar.

En el caso de que sigamos posponiendo lo inevitable, la arrogancia suele mutar hasta convertirse en el sexto grillete: el «cinismo». Sobre todo tal y como se entiende hoy en día. Es decir, como la máscara con la que ocultamos nuestras frustraciones y desilusiones, y bajo la que nos protegemos del profundo malestar que nos causa llevar una vida de segunda mano. Tal es la falsedad de los cínicos, que suelen afirmar que «no creen en nada», poniendo de manifiesto que no creen en sí mismos.

Por último, existe una séptima cadena mental: la «pereza». Y aquí no nos referimos a la definición actual, sino al significado original que nos revela su raíz etimológica. Así, la palabra «pereza» procede del griego *acedia*, que quiere decir «tristeza de ánimo de quien no hace con su vida aquello que intuye o sabe que podría realizar».[28]

A pesar de que no nos gusta reconocerlo, el miedo es sin duda nuestro gran consejero. Y cual carcelero, nos mantiene presos en una zona de comodidad cada vez más incómoda. Y es tal nuestra resistencia a abandonarla, que en general solamente iniciamos un proceso de cambio cuando tocamos fondo y padecemos una saturación de sufrimiento, la cual se conoce poéticamente como «la noche oscura del alma».

No hay peor ciego que el que no quiere ver.

PROVERBIO CHINO

Segunda parte

Orientación a la transformación

ORIENTACIÓN AL PROPIO INTERÉS *Viejo paradigma*	ORIENTACIÓN A LA TRANSFORMACIÓN *Cambio de paradigma*	ORIENTACIÓN AL BIEN COMÚN *Nuevo paradigma*
Condicionamiento		Educación
Falso concepto de identidad (ego)		Verdadera esencia (ser)
Ignorancia e inconsciencia		Sabiduría y consciencia
Esclavitud mental		Libertad de pensamiento
Egocentrismo		Altruismo
Victimismo y reactividad		Responsabilidad y proactividad
Desempoderamiento		Empoderamiento
Dependencia y borreguismo		Independencia y autoliderazgo
Autoengaño e hipocresía	*Crisis existencial*	Honestidad y autenticidad
Corrupción e infantilismo		Integridad y madurez
Miedo y paranoia		Confianza y sensatez
Evasión y adicción		Presencia y conexión
Escasez y queja		Abundancia y agradecimiento
Gula y codicia		Sobriedad y generosidad
División y competitividad		Unidad y cooperación
Lucha y conflicto		Amor y aceptación
Vacío y sufrimiento		Plenitud y felicidad
Anestesia y enfermedad		Curación y salud
Materialismo (bien-tener)		Posmaterialismo (bien-estar)
Existencia sin sentido.		Existencia con sentido

VI. La crisis de los cuarenta

Ningún ser humano cambia hasta que su situación deviene insoportable.

José Antonio Marina

Una mañana soleada una niña se encontró con un perro que estaba sentado en medio de un camino y no paraba de gruñir y de quejarse. «¿Qué te pasa? ¿Estás enfermo?», le preguntó dulcemente. El animal negó con la cabeza. Y al hacerlo, la chica se dio cuenta de que sus ojos estaban bañados en lágrimas. Su mirada reflejaba cierta angustia y tristeza. De ahí que la niña, movida por sus buenas intenciones, insistiera: «¿Quieres que te lleve al veterinario?».

Haciendo caso omiso a su generosa invitación, el perro no dijo nada. Tan solo emitió un débil gemido. Era evidente que aquel perro estaba sufriendo. Tras unos segundos en silencio, la niña empezó a inquietarse, juzgando en su fuero interno la postura indolente adoptada por aquel animal. Y poco después, descubrió que el animal estaba sentado sobre un clavo oxidado.

«¿Acaso no te has dado cuenta de que estás sentado sobre un clavo?», exclamó sorprendida. Y añadió: «¡Cuánto más tiempo tardes en sacártelo, más te dolerá la herida!». Por más que la niña tratara de ayudarle, no hubo manera. Aquel perro seguía sentado sobre el clavo, emitiendo de forma intermitente un llanto cargado de dolor y resignación. Y lo cierto es que su actitud impacientó tanto a la niña, que llegó incluso a intentar levantarlo del suelo.

Al no conseguir moverlo, la niña le preguntó enfadada: «¡Maldita sea! ¿Por qué diablos sigues sentado sobre un clavo oxidado?». En el caso de que aquel animal le hubiera podido responder, seguramente le hubiera dicho lo siguiente: «Si no me levanto es simplemente porque no me duele tanto como para hacer el esfuerzo de levantarme».[29]

21. La función del sufrimiento

Al vivir limitados por nuestros miedos y carencias, al entrar en la edad adulta solemos marginar nuestros sueños, construyendo una vida siguiendo las directrices establecidas por el *statu quo*. Y como resultado, nos vamos alejando de nuestra verdadera esencia, convirtiéndonos en alguien que no somos y cosechando interminables problemas y frustraciones. De ahí que en esta sociedad lo raro sea ser feliz.

Aunque pueda parecer lo mismo, hay una enorme diferencia entre *existir* y *estar vivo*. Muchos seres humanos hemos tenido que estar a punto de morir para comprenderlo. No en vano, la «zona de comodidad» en la que muchos nos hemos instalado se caracteriza por llevar una existencia alienada, monótona y gris, en la que nos sentimos seguros, pero no satisfechos. Y puesto que nuestro nivel de malestar es inferior a nuestro miedo al cambio, solemos acomodarnos y resignarnos.

De esta manera posponemos indefinidamente tomar medidas alternativas orientadas a convertirnos en la mejor versión de nosotros mismos. Lo último que queremos es complicarnos la vida. Llegado el caso, seguramente tampoco sabríamos qué hacer. Y al carecer de una brújula interior que nos indique nuestro propio camino, solemos escondernos tras una máscara del agrado de los demás, entrando en una rueda que nos va atrapando y de la que nos es muy difícil salir. Eso sí, por más que nos hayamos acostumbrado, el sufrimiento no es nuestra verdadera naturaleza. Por eso tarde o temprano llega un día en que el sinsentido y el vacío devienen insoportables. Solo entonces nos atrevemos a cambiar.

Llegados a este punto, es importante diferenciar el dolor del sufrimiento. Más que nada porque el dolor suele ser una experiencia física que aparece como resultado de una acción determinada, como por ejemplo que nos demos un golpe contra una mesa, nos cortemos con un cuchillo o que de pronto nos duela el estómago por haber comido demasiado. De hecho, su función es la de protegernos, advirtiéndonos de que estamos dañando a nuestro cuerpo. Si no existiera el dolor, podríamos lesionarnos e incluso destruirnos sin darnos cuenta. Por medio de su molesta presencia tomamos consciencia de la importancia de cuidar mejor nuestra salud física.

Por dolor también nos referimos al poso que dejan los conflictos emocionales en nuestro corazón. Es decir, a las consecuencias fisiológicas que tienen los *chupitos* de *cianuro* que nos tomamos cada vez que discutimos (ira), nos lamentamos (tristeza) o nos pre-ocupamos (miedo). Así es como de forma inconsciente vamos acumulando una *bola* de malestar en nuestro interior. Y por más que lo neguemos y lo rechacemos, el dolor forma parte de la vida. No hay manera de escapar de él.

Todo el sufrimiento está en la mente

El sufrimiento es otra cosa. Se trata de una experiencia mental que creamos por medio de nuestros pensamientos cuando no aceptamos lo que nos sucede. Por ejemplo, frente al dolor que sentimos al darnos un golpe contra una mesa o cuando nos duele el estómago, el sufrimiento solo aparece en el caso de que adoptemos una actitud victimista, quejándonos o lamentándonos por lo que nos ha ocurrido. Así, el sufrimiento no tiene nada que ver con lo que nos pasa, sino con la interpretación que hacemos de los hechos en sí.

Lo cierto es que nada ni nadie tiene el poder de herirnos emocionalmente sin nuestro consentimiento. Es imposible.

Solo nosotros —por medio de nuestros pensamientos— podemos hacernos daño frente a personas conflictivas y situaciones adversas. Al aceptar que somos la única causa de nuestro sufrimiento, podemos decidir dejar de autoperturbarnos, tomando las riendas de nuestro diálogo interno. Si bien en un primer momento no podemos controlar ni cambiar nuestras circunstancias, siempre podemos aprender a modificar la forma en que nos afectan, cambiando nuestra manera de mirarlas y de interpretarlas. Esta es la razón por la que el dolor es inevitable, pero el sufrimiento es opcional.

Y entonces, ¿qué función cumple el sufrimiento en nuestra existencia? Por un lado, es completamente inútil. Imaginemos que nuestra pareja decide finalizar nuestra relación sentimental. O que nuestra empresa rescinde nuestro contrato laboral. Frente a este tipo de circunstancias solemos pensar de forma negativa y destructiva. Principalmente porque son situaciones que atentan en contra de nuestros deseos, necesidades, aspiraciones y expectativas.

Sin embargo, por más que nos quejemos y protestemos, esta actitud victimista no sirve para nada. No promueve ningún cambio constructivo. Por más que suframos, seguiremos sin pareja y sin empleo. De hecho, en ocasiones sufrimos para llamar la atención de los demás o de la vida, creyendo —al igual que cuando éramos niños— que así conseguiremos arreglar las cosas.

Cuidar el diálogo interno

Sin embargo, el sufrimiento tiene una función muy importante. Al destruirnos por dentro —envenenando con *cianuro* nuestra mente y nuestro corazón— nos hace tomar consciencia de que nuestra manera de pensar y de comportarnos es ineficiente y errónea. También es una invitación a cuidar nuestro diálogo interno. Es decir, los pensamientos con los que hablamos con nosotros mismos y etiquetamos constantemente la realidad. Y dado que el bienestar es nuestra verdadera naturaleza, el sufrimiento nos motiva a salirnos de nuestra zona de comodidad, iniciando un viaje de aprendizaje para crecer y evolucionar como seres humanos.

De hecho, el salto a la «zona de incertidumbre» suele llegar como consecuencia de haber experimentado una saturación de malestar. Es decir, cuando nos es imposible aguantar más en el *lugar* físico y psicológico en el que nos encontramos. Así es como finalmente nos armamos de coraje para aventurarnos a lo nuevo y a lo desconocido. De pronto nos sentimos con fuerza y motivación para asumir ciertos riesgos. Es entonces cuando empezamos a diseñar una estrategia orientada al cambio.

Al entrar en la zona de incertidumbre iniciamos un proceso de aprendizaje, crecimiento y evolución personal. No nos queda más remedio que conocernos mejor, descubriendo algunas verdades acerca de nosotros mismos. Por medio de este proceso, finalmente accedemos a la «zona de bienestar», en la que nuestra comprensión y nuestra consciencia se expande.

Al adquirir más sabiduría, aprendemos a sentirnos en paz con nosotros mismos, percibiendo que nuestra vida es perfecta tal y como es. Es decir, que aunque pudiéramos no modificaríamos —a grandes rasgos— nada de lo que forma parte de nuestra existencia. Por más que muchas veces tomemos decisiones relacionadas con cambios y modificaciones externas, la zona de bienestar no tiene tanto que ver con nuestras circunstancias, sino con nuestra manera de verlas e interpretarlas.

Y es precisamente este cambio de percepción y de actitud el que nos permite descubrir quiénes somos y qué dirección queremos darle a nuestra vida. Y dado que todo está en permanente transformación y evolución, con los años nuestra zona de bienestar vuelve a mutar, convirtiéndose en una nueva zona de comodidad. De ahí la necesidad de abrazar la filosofía del cambio y del aprendizaje permanente.

La herida es el lugar por donde la luz entra en ti.

Rumi

22. El despertar de la consciencia

No se sabe exactamente cómo funciona. Muchos lo definen como un «clic». Otros, como el «despertar de la consciencia». Sea como fuere, cada vez más seres humanos estamos padeciendo la denominada «crisis de los cuarenta». Se ha comprobado que a esa edad muchos han vivido el tiempo suficiente como para haber *hecho* todo lo que esta sociedad nos ha dicho que *hagamos*. Y para haber *tenido* todo lo que esta sociedad nos ha dicho que *tengamos*. Sin embargo, ni el dinero (a través del trabajo), ni el éxito (a través de la imagen), ni el materialismo (a través del consumo), ni la evasión (a través del entretenimiento) consiguen llenar el pozo sin fondo en el que nos hemos convertido.

Lo curioso es que este proceso psicológico no tiene nada que ver con la edad. Se sabe de individuos a quienes les asalta durante la adolescencia, y a otros durante la jubilación. Lo importante no son los años vividos, sino cómo y para qué los hemos vivido. En esencia, la crisis de los cuarenta es una forma de llamar a ese proceso de metamorfosis en el que muere una parte de nosotros para que pueda nacer una nueva. Y en el que —tras muchos años de entrar en conflicto con los demás y con la vida— finalmente decidimos quitarnos la venda de los ojos, mirarnos al espejo y orientarnos a la transformación.

De este modo empezamos a cambiar el foco de atención de *afuera* —centrado en nuestras circunstancias— a *adentro*, empezando a centrarlo en nuestra manera de mirarlas e interpretarlas.

En el fondo, lo que comenzamos a intuir es que nuestro vacío existencial no está relacionado con lo que *tenemos* (el mundo exterior), sino con lo que *somos* (nuestro mundo interior).

Al ser lo suficientemente honestos como para reconocer que no necesitamos sufrir más, poco a poco abrimos nuestra mente y nuestro corazón a nuevas formas de comprender y de interactuar con la vida. Esta humildad nos convierte en aprendices, buscando la manera de liberarnos de nuestro sufrimiento. Y es tal nuestra necesidad de cambio, que conectamos con el coraje para adentrarnos en un territorio incierto y desconocido: nosotros mismos, revisando y cuestionando el sistema de *creencias* con el que hemos *creado* nuestro falso concepto de identidad: el ego.

En esencia, el despertar de la consciencia consiste en darnos cuenta de que no podemos seguir viviendo de la manera en la que lo hemos venido haciendo. Y de que gozamos de la libertad para tomar las decisiones que consideremos oportunas para cambiar. Así es como damos el primer paso para abandonar la postura victimista que nos mantenía encarcelados, asumiendo las riendas de nuestra responsabilidad personal y convirtiéndonos en protagonistas de nuestra propia vida. Al adentrarnos en esta zona de riesgo e incertidumbre, comenzamos a entrenar nuestra confianza y valentía. Y en la medida en que dejamos de estar cegados por el miedo, vemos con claridad que para dejar de ser infelices el cambio es sin duda nuestro mejor aliado.

¡Ojalá vivas todos los días de tu vida!

JONATHAN SWIFT

23. LA BÚSQUEDA DE LA VERDAD

Aunque no solamos verbalizarlo, en lo más hondo de nosotros mismos todos compartimos una profunda sed de verdad. Más que nada porque nuestra existencia se ha construido —en mayor o menor medida —a base de engaños, distorsiones y menti-ras. Por eso tantos seres humanos viven en la oscuridad de la desdicha. Y este hecho no es *bueno* ni *malo*: es *necesario*. Lo cierto es que el sufrimiento es la consecuencia de seguir un sis-tema de creencias erróneo y, paradójicamente, el motor que nos impulsa a buscar nuestra verdad.

En esencia, «la búsqueda de la verdad» es el viaje por el cual cada uno de nosotros puede liberarse de las normas y directri-ces con las que hemos sido condicionados para descubrir quié-nes somos, cuál es nuestro lugar en el mundo y de qué manera podemos construir una vida plena y con sentido. Y existen tan-tos caminos para llegar a esta misma verdad como seres huma-nos hay en el planeta. Cada uno está llamado a seguir su propia senda. Por eso no es necesario aferrarse a ningún gurú ni a nin-guna doctrina. De hecho, al comenzar a recorrer el camino del autoconocimiento, empezamos a darnos cuenta de que no exis-ten maestros, solo espejos donde vernos reflejados.

En el nuevo marco existencial creado por la crisis de los cua-renta, esta búsqueda nos lleva a investigar, en primer lugar, «de dónde venimos». En el fondo, de lo que se trata es de descubrir —entre otras cuestiones— ¿por qué somos como somos?, ¿para qué hacemos lo que hacemos? y, en definitiva, ¿qué re-sultados estamos cosechando al seguir el estilo de vida que nos ha sido determinado? A menos que cuestionemos nuestro con-dicionamiento, puede que estemos viviendo la vida de otras personas, tomando decisiones para ser aceptados y valorados por los demás.

«Conócete a ti mismo»

En segundo lugar, esta crisis existencial nos mueve a saber «quiénes somos», una pregunta que no puede responderse con palabras ni conceptos, sino tan solo a través de nuestra propia experiencia. De ahí que el autoconocimiento, el desarrollo personal y el *coaching* sean procesos cada vez más aceptados y demandados por la sociedad. Y aunque esta búsqueda interior parezca estar poniéndose de moda, no tiene nada de nuevo. Hace más de 2.500 años, en el templo de Delfos —un lugar de culto de la antigua Grecia— se inscribió el aforismo más repetido a lo largo de todos los tiempos: «Conócete a ti mismo». Aunque se suele atribuir al filósofo Sócrates, su origen es anterior al inicio de la historia de la filosofía.[30]

Esta consigna nos orienta a conocer nuestra verdadera esencia, más allá de la capa superficial de creencias, valores, prioridades y aspiraciones materialistas con las que hemos construido el disfraz de nuestra personalidad. Mientras no descubramos quiénes somos, seguiremos sin saber cómo reconectar con la fuente de bienestar y dicha que reside en nuestro interior.

Así, comprometernos con nuestro propio autoconocimiento pasa por comprender cómo funciona nuestra mente, cómo podemos gestionar nuestros pensamientos de forma más constructiva y regular nuestras emociones de manera más eficiente. Y todo ello con la finalidad de *darnos* lo que verdaderamente necesitamos, aprendiendo a ser felices por nosotros mismos. Porque, a menos que encontremos este bienestar dentro de nosotros, ¿dónde vamos a encontrarlo?

Una vez sabemos de dónde venimos y descubrimos quiénes somos, estamos preparados para decidir «hacia dónde queremos ir». En este punto del camino es importante discernir que el *sentido* de nuestra existencia no solo alude a la manera en la que nos *sentimos*, sino también a la *dirección* que decidimos darle. Al desarrollar nuestro propio criterio, comenzamos a seguir los dictados de nuestra intuición, poniendo nuestra vida al servicio de un propósito superior.

Pero ¿cómo podemos saber que hemos encontrado lo que andamos buscando? Pues de la misma manera que uno sabe cuándo está enamorado. Simplemente lo sabe. Así, la verdad es toda aquella información que cuando la interiorizamos a través de nuestra propia experiencia nos transforma y nos libera. La verdad nos llena el corazón de confianza, alegría y serenidad; es el alimento que nos permite convertirnos en lo que estamos destinados a ser: la mejor versión de nosotros mismos. Descubrir y comprender la verdad es una experiencia que hace de puente entre la ignorancia y la sabiduría; entre la inconsciencia y la consciencia; entre el victimismo y la responsabilidad; entre la lucha y la aceptación; entre el conflicto y el amor incondicional y, en definitiva, entre el sufrimiento y la felicidad.

> La verdad no es algo externo que hay que descubrir,
> sino algo interno que hay que experimentar.
>
> Osho

24. La vida como aprendizaje

No hemos venido a este mundo a ganar dinero. Ni tampoco a proyectar una imagen del agrado de los demás, logrando éxito, estatus, respetabilidad y reconocimiento. Nuestra existencia como seres humanos tampoco está orientada a comprar, poseer y acumular cosas que no necesitamos. Ni mucho menos a evadirnos constantemente de nosotros mismos por medio del entretenimiento. De hecho, no estamos aquí —solamente— para sobrevivir física, emocional y económicamente.

Y entonces, ¿hay algún propósito más trascendente? ¿Para qué vivimos? Aunque cada uno está llamado a encontrar su propia *respuesta*, sabios de todos los tiempos nos han invitado a ver la vida como un continuo proceso de aprendizaje. Si bien el resto de mamíferos nacen como lo que son, nosotros nacemos todavía por hacer. Ser *humanos* es una potencialidad. De ahí que en un principio no vivamos de forma responsable, libre, madura y consciente. Todas estas cualidades y capacidades están latentes en nuestro interior. Y así siguen hasta que las desarrollamos a través de la comprensión y el entrenamiento.

No en vano, adoptar una postura victimista frente a nuestras circunstancias nos impide aprender y desplegar todo nuestro potencial. Solo en la medida que padecemos la crisis de los cuarenta —orientando nuestra existencia a la transformación—, empezamos a cuestionar nuestro sistema de creencias, modificando —a su vez— nuestra escala de valores, prioridades y aspiraciones. Es entonces cuando decidimos que lo más importante es «aprender a ser felices por nosotros mismos».[31] Es decir, a sentirnos realmente a gusto sin necesidad de ninguna persona, estímulo, cosa o circunstancia externa. Más que nada porque ¿de qué nos sirve llevar una vida de éxito y de abundancia material si nos sentimos vacíos e insatisfechos por dentro?

En general, solemos confundir la felicidad con el placer y la satisfacción que nos proporciona el consumo de bienes materiales. Y también con la euforia de conseguir lo que deseamos. Sin embargo, la verdadera felicidad no está relacionada con lo que *hacemos* ni con lo que *poseemos*. Podría definirse como la ausencia de lucha, conflicto y sufrimiento internos. Por eso se dice que somos felices cuando nos aceptamos tal como somos y —desde un punto de vista emocional— sentimos que todo está bien y que no nos falta de nada.

Y es que la felicidad no tiene ninguna causa externa: es nuestra verdadera naturaleza. Igual que no tenemos que hacer nada para ver —la vista surge como consecuencia natural al abrir los ojos—, tampoco tenemos que hacer nada para ser felices. Tanto la vista como la felicidad vienen de serie: son propiedades naturales e inherentes a nuestra condición humana. Así, nuestro esfuerzo consciente debe centrarse en eliminar todas las obstrucciones mentales que nublan y distorsionan nuestra manera de pensar y de comportarnos, como el victimismo, la inseguridad, la impaciencia, el aburrimiento, el apego o la codicia.

Cultivar la paz interior

Más allá de aprender a ser felices por nosotros mismos, hemos venido al mundo a aprender a «sentir una paz invulnerable».[32] Y para lograrla, hemos de trascender nuestro instinto de supervivencia emocional, que nos lleva a reaccionar mecánica e impulsivamente cada vez que la realidad no se adapta a nuestros deseos, necesidades y expectativas. Y es que «entre cualquier estímulo externo y nuestra consiguiente *reacción*, existe un espacio en el que tenemos la posibilidad de dar una *respuesta* más constructiva».[33] Esta es la esencia de la proactividad.

Eso sí, para poder ser proactivos hemos de vivir conscientemente. Es decir, dándonos cuenta en todo momento y frente a cualquier situación de que no son las situaciones, sino nuestros pensamientos, los que determinan nuestro estado emocional. Al tener presente esta verdad fundamental, podemos entrenar el músculo de la aceptación en todas nuestras interacciones cotidianas. Sobre todo porque no hay mejor maestro que la vida ni mayor escuela de aprendizaje que nuestras propias circunstancias.

El reto consiste en aprender a aceptar a los demás tal como son y a fluir con las *cosas* tal como vienen. Y aceptar no quiere decir resignarse. Tampoco significa reprimirse ni ser indiferente. Ni siquiera es sinónimo de tolerar o estar de acuerdo. Y está muy lejos de ser un acto de debilidad, pasotismo, dejadez o inmovilidad. Más bien se trata de todo lo contrario. La auténtica aceptación nace de una profunda comprensión, e implica dejar de reaccionar impulsivamente para empezar a dar la respuesta más eficiente frente a cada situación. Así es como podemos cultivar y preservar nuestra paz interior.

En la medida que aprendemos a ser felices por nosotros mismos —dejando de sufrir— y a sentir una paz invulnerable —dejando de reaccionar—, también aprendemos a «amar incondicionalmente».[34] Y al hablar de amor no nos referimos al sentimiento, sino al comportamiento. De ahí que amar sea sinónimo de comprender, empatizar, aceptar, respetar, agradecer, valorar, perdonar, escuchar, atender, ofrecer, servir y, en definitiva, de aprovechar cada circunstancia de la vida para dar lo mejor de nosotros mismos.

Lo cierto es que el amor beneficia en primer lugar al que ama y no tanto al que es amado. De ahí que limitar nuestra capacidad de amar nos perjudica —principalmente— a nosotros mismos. Además, cuanto más entrenamos los músculos de la responsabilidad (como motor de nuestra felicidad), la aceptación (como motor de nuestra paz interior) y el servicio (como motor de nuestro amor), más abundante y próspera se vuelve nuestra red de relaciones y vínculos afectivos.

Llegados a este punto, cabe preguntarse: ¿somos verdaderamente felices? ¿O más bien solemos sufrir? ¿Sentimos una paz invulnerable? ¿O más bien solemos reaccionar como marionetas? ¿Realmente amamos a los demás? ¿O más bien seguimos luchando y creando conflictos? ¿Estamos dando lo mejor de nosotros mismos? ¿O más bien seguimos limitando nuestra capacidad de amar y de servir, esperando que sean los demás quienes se adapten a nuestros deseos y expectativas? Sean cuales sean las respuestas, cabe recordar que el aprendizaje es el camino y la meta de nuestra existencia. Así, el hecho de que estemos vivos implica que, seguramente, todavía tenemos mucho por aprender.

La verdadera profesión del ser humano
es encontrar el camino hacia sí mismo.

HERMANN HESSE

VII. La ciencia de la transformación

El sufrimiento es lo que rompe la cáscara que nos
separa de la comprensión.

KHALIL GIBRAN

*Un eminente científico paseaba por el bosque, aburrido, sin nada
que hacer. De pronto se encontró un capullo de mariposa posando
sobre la rama de un árbol. Al acercarse, el hombre se dio cuenta
de que aquel insecto estaba luchando para poder salir a través de
un diminuto orificio. Tras un buen rato observando la crisálida y
viendo que la mariposa no conseguía abrirse paso hacia el exterior, el científico decidió ayudarle a solucionar dicho problema.*

*Cogió el capullo con delicadeza y lo llevó a su casa. El hombre
estaba realmente excitado. Jamás había visto nacer a una mariposa. ¡Y mucho menos habiendo sido él quien lo posibilitara! Al
poner la crisálida bajo la lente de su microscopio, pudo corroborar
su primera impresión: el cuerpo del insecto era demasiado grande
y el agujero, demasiado pequeño. Además, era evidente que algo
andaba mal, pues la mariposa estaba sufriendo. Preocupado por el
insecto, el eminente científico fue a buscar unas tijeras. Y tras hacer un corte lateral en la crisálida, la mariposa pudo salir sin necesidad de hacer ningún esfuerzo más.*

*Satisfecho de sí mismo, el hombre se quedó mirando a la maripo-
sa, que tenía el cuerpo hinchado y las alas pequeñas, débiles y arru-
gadas. Le acababa de salvar la vida. O al menos eso creía. Seguidamente el científico comenzó a acariciar al insecto, esperando que en
cualquier momento el cuerpo de la mariposa se contrajera y desinfla-
ra, viendo a su vez desplegar sus alas. Estaba ansioso por verla volar.*

Sin embargo, debido a su ignorancia —disfrazada de bondad—, aquel eminente científico impidió que la restricción de la abertura del capullo cumpliera con su función natural: incentivar la lucha y el esfuerzo de la mariposa, de manera que los fluidos de su cuerpo nutrieran a sus alas para fortalecerlas lo suficiente antes de romperlo por sí misma, salir al mundo y comenzar a volar. Sus buenas intenciones provocaron que aquella mariposa muriera antes de convertirse en lo que estaba destinada a ser.[35]

25. LA CONQUISTA DE LA MENTE

Nadie pone en duda que los seres humanos tenemos cinco sentidos físicos: la vista, el olfato, el gusto, el oído y el tacto. Tampoco cuestionamos que por medio de estos sentidos percibimos y procesamos los estímulos que nos llegan desde el exterior. *Vemos* un paisaje. *Olemos* un perfume. *Probamos* un caramelo. *Escuchamos* una canción. *Tocamos* un objeto... Así es como —mediante nuestra percepción sensorial— estamos constantemente recibiendo información de la realidad externa.

Sin embargo, existe otra variable —la más importante de todas— que determina la manera en la que procesamos dicha información: nuestra mente. O, más concretamente, nuestro «modelo mental».[36] Es decir, el esqueleto psicológico desde el que se originan los pensamientos y donde se instalan las creencias, los valores, las prioridades y las aspiraciones que constituyen nuestra personalidad. Así, el modelo mental vendría a ser como una *lente* a partir de la que filtramos la realidad objetiva y neutra de forma completamente subjetiva. Esta es la razón por la que un mismo paisaje a unos les parece bonito y a otros, feo. O que un mismo perfume a unos les encante y a otros, les repela.

Más allá de condicionar nuestra manera de mirar y de comprender la vida, este esqueleto psicológico también determina qué nos mueve a ser como somos y a hacer lo que hacemos; cuáles son nuestros principales rasgos de carácter, incluyendo los defectos del ego y las virtudes del ser; en qué aspectos externos solemos basar nuestro bienestar y felicidad; de qué tenemos miedo y de qué huimos; cuáles son nuestras fortalezas y cualidades innatas; cómo queremos que los demás nos vean; e incluso cuál es la *piedra* emocional con la que tropezamos una y otra vez a lo largo de nuestra vida. Es decir, la raíz de la mayoría de nuestros problemas y conflictos.

Aunque es imposible encontrar a dos seres humanos con el mismo color de ojos, en general estos son —a grandes rasgos— de cinco colores distintos: marrón, negro, gris, verde y azul. Del mismo modo, si bien cada uno de nosotros cuenta con un modelo mental único e irrepetible, se ha demostrado que existen formas comunes de interpretar mentalmente la información que nos llega desde el exterior. De hecho, la herramienta de autoconocimiento Eneagrama ha demostrado que existen nueve esqueletos psicológicos genéricos, cada uno de los cuales marca una tendencia de pensamiento y de comportamiento.

Conocer el modelo mental

A pesar de que las circunstancias sociales, culturales y económicas en las que hemos nacido son importantísimas para comprender por qué somos como somos, nuestra *forma de ser* viene dada —sobre todo— por la estructura de nuestro modelo mental. Para verificar esta afirmación, basta con echar un vistazo a la conducta de los miembros de una misma familia. Pongamos, por caso, el de una pareja con nueve hijos. Dado que se han desarrollado en una misma sociedad, a todos ellos se les ha impuesto un mismo condicionamiento. Y al haber sido educados bajo un mismo techo, también han recibido —en mayor o menor medida— la misma influencia por parte de sus padres.

Sin embargo, ya desde pequeñitos cada uno de los nueve hijos suele desarrollar un tipo de personalidad diferente a la de sus hermanos. Unos son más extrovertidos y otros, más introvertidos. Unos son más dependientes y otros, más autónomos. Unos son más miedosos y otros, más atrevidos. Unos son más movidos y otros, más tranquilos... En definitiva, cada uno de ellos piensa, siente y se comporta de un modo diferente.

Aunque todos ellos han sido *educados* bajo un mismo paradigma socioeconómico, cada uno lo ha interpretado y procesado de forma subjetiva, acorde con su modelo mental particular. Y esto, a su vez, es lo que ha marcado la creación de su personalidad. Por eso, frente a una misma circunstancia —como por ejemplo el divorcio de sus padres, la entrada en el desempleo o la muerte de un ser querido—, cada uno de los nueve hermanos —en función de su esqueleto psicológico— realizará una interpretación subjetiva de ese mismo hecho, obteniendo un resultado emocional diferente en su interior.

En este sentido, para descubrir qué es lo que verdaderamente necesitamos para ser felices, sentirnos en paz y aprender a amar —sean cuales sean nuestras circunstancias externas—, es imprescindible conocer y comprender el funcionamiento de nuestro modelo mental. No en vano, para convertirnos en la mejor versión de nosotros mismos es fundamental conquistar nuestra mente. Y esta hazaña no es que sea *fácil* o *difícil*. Al adentrarnos en la crisis de los cuarenta, se convierte en *necesaria*. Y como cualquier otro aprendizaje, consta de unos pasos, por medio de los cuales se recorre un proceso, que finalmente nos proporciona la nueva competencia y habilidad que estamos buscando.

Ni tu peor enemigo puede hacerte tanto daño
como tus propios pensamientos.

Siddartha Gautama 'Buda'

Dado que nuestro modelo mental se organiza y funciona por medio de pensamientos y creencias, el primer paso a la hora de orientarnos a la transformación consiste en constatar qué tipo de información estamos manejando.[37] Más que nada porque esta puede ser limitante o potenciadora. Es decir, basada en la ignorancia (ideas falsas y erróneas) o en la sabiduría, la cual está constituida por verdades verificadas a través de la experiencia.

Por ejemplo, si ahora mismo *creemos* que nuestra felicidad depende del amor que nos profesan los demás, tenderemos a *crear* una personalidad dependiente, desarrollando actitudes y conductas del agrado de las personas que nos rodean. En cambio, si verificamos que nuestro bienestar solo depende del amor que nos profesamos a nosotros mismos, seremos verdaderamente libres para mostrarnos tal como somos. Estas dos conductas diferentes (dependencia e independencia emocional), que a su vez generan resultados opuestos (insatisfacción y satisfacción), surgen como consecuencia de funcionar siguiendo un determinado tipo de información, basada en la ignorancia o en la sabiduría.

Modificar nuestra manera de pensar es lo que permite nuestra transformación. No en vano, la causa de cualquier experiencia de lucha, conflicto o sufrimiento se encuentra en las interpretaciones egocéntricas que hacemos de lo que nos sucede. A su vez, detrás de nuestra forma subjetiva de mirar y filtrar la realidad se esconden pensamientos y creencias limitantes con los que hemos *nutrido* nuestro modelo mental. Por eso, la raíz última de las experiencias de bienestar o de malestar que cosechamos en nuestra vida radica en el tipo de información que manejamos.

Al haber sido *educados* para buscar nuestro bienestar *afuera*, el gran punto de inflexión de nuestra existencia llega el día que empezamos a buscarlo *adentro*. Así es como dejamos de querer cambiar nuestras circunstancias y comenzamos a poner el foco de atención en nuestra manera de verlas, comprenderlas e interpretarlas. Una vez orientamos nuestra vida a la transformación, es fundamental buscar fuentes de información veraces y de sabiduría con la que reprogramar nuestro modelo mental.

Para ello, es esencial que no nos creamos nada de lo que nos digan ni de lo que leamos, incluyendo —por supuesto— la información detallada en este libro. De lo que se trata es de ponerla en práctica. Y es que solo a través de nuestra propia experiencia podemos verificar si dicha información nos permite obtener resultados de satisfacción de forma voluntaria. Y más allá de encontrarla en libros, seminarios y profesores, esta sabiduría reside —principalmente— dentro de nosotros mismos.

> Un viaje de mil kilómetros siempre
> comienza con el primer paso.
>
> LAO TSÉ

27. SEGUNDO PASO: ENERGÍA

Para llevar a cabo nuestro proceso de transformación, no solo necesitamos información de sabiduría, sino también grandes cantidades de energía vital. Sin embargo, la frenética actividad a la que muchos seres humanos están sometidos suele desgastar por completo sus reservas de energía. Es entonces cuando —confundidos por el malestar— muchos concluyen que «el negro es el color de la existencia» o que «hemos venido a este mundo a sufrir».

Pero nada más lejos de la realidad. Al igual que cargamos el móvil cuando se le agota la batería, los seres humanos podemos cargarnos de energía. Y al hacerlo, incrementa nuestro nivel de consciencia y, en consecuencia, el grado de comprensión, responsabilidad y proactividad con el que nos relacionamos con nuestras circunstancias.

Por «consciencia» nos referimos al espacio que vamos creando entre lo que nos sucede y nuestra consiguiente reacción o respuesta. Así, cuanta menos energía vital, menos consciencia y más reactividad. Y viceversa: cuanta más energía produzcamos y acumulemos, mayor será nuestro nivel de consciencia y menor será nuestra impulsividad. De ahí que sea necesario identificar qué nos quita energía y qué nos la da.

Si bien cada ser humano es único, a todos puede beneficiarnos el contacto con la naturaleza y el ejercicio físico, como el yoga, la calistenia, la natación o el baile. A su vez, también es fundamental relacionarnos con personas que nos transmitan alegría e incorporar en nuestra dieta alimentos más sanos y naturales. Cabe señalar que lo que más nos desgasta energéticamente es la falta de descanso, la comida basura, el estrés y el pensamiento negativo. Y ya no digamos lo que nos debilita tener un grave conflicto con otra persona. Nos deja completamente vacíos. En cambio, practicar el pensamiento positivo —aprendiendo a agradecer lo que nos sucede y a valorar lo que tenemos— llena nuestro depósito de energía.

Así, el reto es encontrar el equilibrio entre la actividad, el descanso y la relajación. Y es que nos pasamos la vida haciendo planes y poseyendo cosas, pero ¿cuánto tiempo dedicamos al día a estar solos, en silencio y sin distracciones? ¿Cuántas horas al día invertimos para simplemente ser y estar, aprendiendo a respirar y a relajarnos? Lo cierto es que el bienestar profundo y duradero que todos anhelamos surge como consecuencia de aquietar la mente, relajar el cuerpo y conectar con el corazón.

De ahí que pueda resultarnos interesante adentrarnos en la meditación. Y por «meditar» no nos referimos a *algo* que se *hace*, sino a un *estado* que *sucede*. Principalmente implica estar presentes, viviendo en el aquí y ahora. Y para ello, nada mejor que sentarse cómodamente, cerrar los ojos, respirar profundamente y dedicar al menos 10 minutos a observar la mente y los pensamientos, sin engancharse ni identificarse con ninguno de ellos.

Con la práctica, poco a poco iremos creando espacios de silencio entre pensamiento y pensamiento, desapegándonos de nuestra mente. Y como consecuencia, cada vez seremos más capaces de escoger de forma consciente y voluntaria la forma en la que pensamos e interpretamos lo que nos sucede. Esta es la esencia de la «atención plena»,[38] una cualidad que nos permite ser verdaderamente dueños de nosotros mismos, eligiendo nuestra actitud y nuestro comportamiento en cada momento.

Por más excusas y justificaciones que encontremos para obviar y posponer esta necesaria gestión de la energía, la falta de equilibrio entre la actividad y el descanso tarde o temprano termina por pasarnos factura. En la medida en que nos orientamos a la transformación, es imprescindible reflexionar acerca del impacto energético que tiene nuestro estilo de vida en general, así como nuestros hábitos físicos y emocionales en particular. Cuidar nuestra energía vital es esencial para poder emplear la nueva información con la que obtener resultados de mayor satisfacción.

> La actividad constante es el refugio de
> quienes temen encontrarse consigo mismos.
>
> Friedrich Nietzsche

28. Tercer paso: entrenamiento

Una vez contamos con información de sabiduría y empezamos a cultivar de forma consciente nuestra energía vital, el tercer paso en el camino de la transformación es el entrenamiento. Y este pasa por comprometernos con nosotros mismos —sin duda alguna—, el mayor compromiso que podemos asumir en toda nuestra existencia. Y no se trata de obligarnos ni de exigirnos. La verdadera transformación no tiene nada que ver con los «tengo que» o los «debería de». Más bien suele ser un viaje que iniciamos a raíz de una profunda motivación por sentirnos mejor con nosotros mismos y, en consecuencia, con los demás y con la vida.

La auténtica disciplina surge de forma natural al vislumbrar las ventajas y los beneficios inherentes a este proceso de autoconocimiento y transformación. Etimológicamente, deriva del latín «*discere*», que quiere decir «aprender». Y a su vez, este vocablo procede de «*discipulus*», que significa «discípulo». Por ello, la disciplina es el orden y el esfuerzo requeridos para poder aprender, convirtiéndonos en discípulos de nosotros mismos. De esta manera aprendemos a *darnos* lo que necesitamos para ser felices, sentirnos en paz y amar a los demás.

Y exactamente, ¿en qué consiste este entrenamiento? Pues en reprogramar nuestro modelo mental con información veraz. Y esto pasa por utilizar afirmaciones positivas para limpiar nuestro subconsciente. Es decir, repetirnos en nuestro fuero interno aquellos mensajes de sabiduría que tendemos a olvidar —y tanto bien nos haría recordar— para vivir más conectados con nuestro ser esencial. Metafóricamente, los pensamientos son semillas que sembramos en nuestra mente y que en muchas ocasiones terminan convirtiéndose en los frutos (o resultados) que cosechamos en la vida.

De este modo, reprogramar nuestro subconsciente nos permite irnos deshaciendo de la ignorancia que ha venido nutriendo nuestro sistema de creencias, dejando de perturbarnos a nosotros mismos. Con el tiempo y la práctica, llega un día en que nuestras interpretaciones de lo que nos sucede están basadas en la sabiduría, esto es, en aquella información verificada por nuestra propia experiencia que llena nuestro corazón de felicidad, paz y amor.

Para lograrlo, hemos de cultivar la auto-observación. De pronto comprobamos que la causa última de nuestro sufrimiento no se encuentra en las circunstancias, sino en lo que pensamos acerca de nuestras circunstancias. Y gracias a este estado de alerta —o de consciencia— poco a poco dejamos de reaccionar impulsivamente frente a las cosas que nos pasan, evitando así envenenar nuestro interior con más *chupitos* de *cianuro*.

Pensar en positivo

Dado que la mayoría de nuestros pensamientos aparecen de forma automática, el aprendizaje consiste en fomentar que estos sean voluntarios. Es decir, elegidos y creados de forma consciente. Así es como empezamos a pensar en positivo, lo que implica hacer uso de nuestra mente de forma útil, constructiva y eficiente. Y puesto que nuestros pensamientos crean nuestro estado de ánimo, este entrenamiento nos permite mejorar nuestra salud emocional y, en consecuencia, incrementar nuestra energía vital.

Eso sí, para que este círculo virtuoso se consolide, es imprescindible que practiquemos diariamente. El funcionamiento mecánico y reactivo de nuestra mente no se transforma en un solo día. Ni tampoco la información que constituye nuestro sistema de creencias. Como en cualquier proceso pedagógico, para que esta transformación se haga efectiva se requiere de un constante entrenamiento.

Por ello, cada vez que nos demos cuenta de que estamos pensando de forma automática, tenemos la oportunidad de redirigir nuestro pensamiento a lo que estamos haciendo aquí y ahora, aprendiendo así a vivir plenamente el momento. Es decir, estar presentes para ser dueños de nuestra mente, y estar alerta para dirigir nuestros pensamientos de forma voluntaria y eficiente. Para lograrlo, basta con centrar nuestra atención en la respiración, conectándonos de forma natural con el presente.

Este entrenamiento es especialmente recomendable cuando afrontamos situaciones en las que no estamos haciendo nada. Como por ejemplo cuando contemplamos un paisaje, esperamos a alguien, hacemos cola en el supermercado o estamos atascados en medio del tráfico. Dado que la función de la mente es pensar, habitualmente le cuesta permanecer quieta. Por eso suele boicotear nuestra capacidad de ser y estar, impidiéndonos disfrutar del momento presente.

Movida por el piloto automático del ego, normalmente lo hace lamentándose por *cosas* del pasado o preocupándose por *cuestiones* del futuro. Si por ejemplo estamos en la ducha, de lo que se trata es de que *estemos verdaderamente duchándonos* y no en ninguna otra parte. En el caso de pensar en otra cosa mientras nos estamos duchando, podemos hacerlo orientando nuestro pensamiento a personas o situaciones que nos traigan paz, confianza y alegría. Lo cierto es que a base de entrenar llega un día en que por fin gobernamos nuestra propia mente. De hecho, este aprendizaje representa un antes y un después en nuestra vida. Al tenerla domesticada, tomamos consciencia del enorme poder que tiene, sabiéndola utilizar de forma creativa.

> Si no manejas tu mente subconsciente,
> alguien más lo hará por ti.
>
> FLORENCE SCOVEL SHINN

29. LA ELOCUENCIA DE LOS RESULTADOS

En la medida en que empleamos información veraz, cultivamos la energía vital y nos comprometemos con la práctica y el entrenamiento, es una cuestión de tiempo que empecemos a cosechar resultados de satisfacción. Sin duda alguna, son los mayores indicadores de los que disponemos para saber si estamos avanzando en nuestro camino de aprendizaje.

A nivel interno, los tres principales resultados de desarrollo personal son la felicidad (0 % sufrimiento), la paz interior (0 % reactividad) y el amor (0 % lucha y conflicto y, por ende, 100 % servicio).[39] Como consecuencia de conquistar nuestra mente y empezar a cosechar un mayor bienestar emocional, surgen otros cuatro resultados externos. El primero es la mejora de nuestra «salud física». Al reducir nuestra ingesta de *chupitos* de *cianuro*, de manera natural equilibramos nuestro sistema nervioso, al tiempo que fortalecemos nuestro sistema inmunológico.

El segundo indicador externo es la mejora de nuestras «relaciones». Al dejar de ser tan egocéntricos y reactivos, desarrollamos cualidades y habilidades más empáticas, como la aceptación, el respeto, la asertividad y la compasión. Y al cultivar vínculos afectivos más sanos y pacíficos, reducimos notablemente nuestros problemas y conflictos. Y dado que nuestra existencia se teje sobre una gigantesca red de relaciones, en paralelo abrimos la puerta a nuevas posibilidades profesionales y laborales. Así, el tercer indicador externo tiene que ver con la mejora de nuestra «economía». Es decir, con un sustancial incremento de nuestra capacidad para crear y generar recursos que nos permitan vivir dignamente.

Finalmente, el cuarto indicador externo reside en nuestra capacidad para «fluir» con nuestras circunstancias, sean las que sean. Así, en vez de cambiar constantemente de pareja, de trabajo o incluso de ciudad, empezamos a sentirnos verdaderamente a gusto en presencia de cualquier persona y frente a cualquier situación. La paradoja de este proceso de transformación es que cuando uno cambia, todo cambia. Es decir, que al cambiar nuestro sistema de creencias, cambia nuestra manera de ver, de comprender y de interpretar lo que nos sucede, cambiando así nuestra forma de pensar, de sentir y de interactuar con nuestras circunstancias. Es entonces cuando verificamos a través de nuestra experiencia que no es el mundo exterior —sino nuestra manera de mirarlo internamente— lo que determina la calidad de los resultados que cosechamos en la vida.

Eso sí, cabe señalar que este aprendizaje no se produce de forma *lineal*, sino más bien en *espiral*. A veces hemos de dar dos pasos hacia atrás —o incluso tropezarnos—, para recordar y retomar nuestro rumbo, dando tres pasos hacia delante. Lo importante no es el número de veces que nos caemos, sino que nos levantamos. Y a poder ser con la ayuda del suelo. Si nos responsabilizamos por aprender acerca de lo que nos sucede, poco a poco iremos ganando en resiliencia, fortaleza y sabiduría.

En este sentido, no hemos de demonizar ni condenar nuestros errores, pues son totalmente necesarios para aprender, crecer y evolucionar. De hecho, solo cometemos errores por falta de información, energía o entrenamiento. Así, el sufrimiento nos ayuda a recordar que nos estamos equivocando, que nuestra interpretación de lo que está sucediendo es demasiado subjetiva. Si no fuera por los errores, no sabríamos en qué estamos fallando y de qué manera podemos aprender a hacerlo mejor. Esta es la razón por la que son nuestros grandes maestros en el arte de vivir.

Al árbol se lo conoce por sus frutos.

Jesús de Nazaret

VIII. La alquimia de la comprensión

La experiencia no es lo que nos pasa, sino la interpretación que hacemos de lo que nos pasa.

ALDOUS HUXLEY

Tres albañiles estaban desempeñando la misma tarea a las afueras de un pueblo. De pronto apareció un niño, que se acercó a ellos con curiosidad. Estaba realmente intrigado por el tipo de obra que estaban construyendo. Al observar al primer obrero, se dio cuenta de que no paraba de negar con la cabeza. Parecía molesto y enfadado. Sin embargo, el chaval se armó de valor y le preguntó: «¿Qué está usted haciendo?». El albañil, incrédulo, lo miró despectivamente y le respondió: «¿Qué pregunta más tonta es esa? ¿Acaso no lo ves? ¡Estoy apilando ladrillos!».

Aquella respuesta no fue suficiente para el niño. Por eso se dirigió al segundo operario, cuya mirada irradiaba resignación y tristeza. De ahí que en esta ocasión el chaval tratara de actuar con algo más de precaución. «Perdone que le interrumpa, señor», dijo al cabo. «Si es tan amable, ¿me podría decir que está usted haciendo?» Cabizbajo, el albañil se limitó a contestarle: «Nada importante. Tan solo estoy levantando una pared».

Finalmente, el niño se acercó hasta el tercer obrero, que estaba silbando alegremente. Era evidente que estaba disfrutando de su tarea. Tanto es así, que el chaval se acercó con más tranquilidad y confianza. Y nada más verlo, el albañil le saludó: «¡Buenos días, jovencito! ¿Qué te trae por esta obra?». Y el chaval, con cierta timidez, le dijo: «Buenos días, señor. Tengo mucha curiosidad por saber qué está usted haciendo». Aquel comentario provocó que el

operario irradiara una enorme sonrisa. Y con cierto tono de satis-
facción, le respondió: «¡Estoy construyendo el hospital infantil
del pueblo!».[40]

30. ¿MORAL O ÉTICA?

Los seres humanos hemos sido *educados* para regirnos según
nuestra conciencia moral. Es decir, para tomar decisiones y
comportarnos basándonos en lo que está *bien* y lo que está *mal*.
Desde que somos niños se nos ha venido premiando cuando hemos sido *buenos* y castigando cuando hemos sido *malos*. Así es
como nuestros padres —con todas sus buenas intenciones—
han tratado de orientarnos y protegernos. Lo curioso es que esta
fragmentación dual de la realidad es completamente subjetiva.
De ahí que cada uno de nosotros tenga su propia moral.

Prueba de ello es la manera en la que concebimos el capitalismo. Para unos está *bien*, pues consideran que se trata de un
sistema que promueve crecimiento económico y riqueza material. Por eso lo defienden, lo apoyan y lo alaban. En cambio,
para otros está *mal*, pues aseguran que se sustenta sobre la insatisfacción y la desigualdad de los individuos y la destrucción de
la naturaleza. Por eso lo condenan, lo juzgan e incluso tratan
de boicotearlo.

Y lo mismo sucede con las empresas, los partidos políticos,
las instituciones religiosas y, en definitiva, con el comportamiento mayoritario de la sociedad. Tanto es así, que una misma
cosa, persona, conducta, situación o circunstancia puede generar tantas opiniones como seres humanos lo hayan observado.
Dependiendo de quién lo mire —y desde dónde lo mire—, será
bueno o *malo*; estará *bien* o *mal*. De ahí que a la hora de hacer
interpretaciones y valoraciones *todo* sea relativo.

Y entonces, ¿qué es la moral? Es nuestro dogma individual.
Es decir, nuestro punto de vista sobre cómo *deben de* ser las

cosas. Esta es la razón por la que muchos intentamos imponer nuestras opiniones subjetivas sobre los demás. Al estar tan identificados con nuestro sistema de *creencias*, *creemos* que el mundo *debería ser* como nosotros *pensamos*.

Así, las cosas están *bien* o están *mal* en función de si están alineadas con la idea que tenemos de ellas en nuestra cabeza. En esta misma línea, los demás son *buenos* o *malos* en la medida en la que se comportan como nosotros esperamos. Estas interpretaciones subjetivas no tienen tanto que ver con la conducta de los demás, sino con nuestra propia moral. En última instancia, es la que determina las etiquetas que ponemos continuamente a las personas que nos rodean, así como las interpretaciones que hacemos de las situaciones que afrontamos cada día.

Interpretaciones demasiado subjetivas

La conciencia moral actúa como un filtro que nos lleva a distorsionar la realidad, impidiéndonos ver el mundo tal como es. Bajo su influencia, en ocasiones juzgamos, criticamos e incluso tratamos de imponer nuestra *verdad* a aquellos que piensan y actúan de forma diferente. De hecho, es la responsable de la mayoría de conflictos que dividen y destruyen la convivencia pacífica entre los seres humanos.

Y eso que no es otra cosa que la suma de nuestros prejuicios y estereotipos. Lo cierto es que la conciencia moral se sustenta sobre dos pilares: nuestras interpretaciones subjetivas y nuestros pensamientos egocéntricos. De ahí que limite nuestra percepción y obstaculice nuestra comprensión, siendo una constante fuente de lucha, conflicto y sufrimiento.

Al orientarnos a la transformación nuestro nivel de comprensión y de sabiduría va creciendo. Y en la medida que aprendemos a vivir conscientemente, empezamos a regir nuestras decisiones y nuestro comportamiento según nuestra conciencia ética. Ya no etiquetamos las cosas como *buenas* o *malas*. Más que nada porque sabemos que las cosas son como son. Y que cualquier etiqueta que le pongamos será una proyección de nuestros pensamientos y creencias. Así es como comprendemos que las *cosas* no son *blancas* o *negras*. Y, en consecuencia, empezamos a discernir los infinitos matices *grises* que existen entre uno y otro extremo.

Por seguir con el ejemplo anterior, el capitalismo no es *bueno* ni *malo*. Más bien *es como es*. De hecho, podemos concluir que se trata de un sistema que promueve crecimiento económico y riqueza material. Y también que se sustenta sobre la insatisfacción y la desigualdad de los individuos y la destrucción de la naturaleza. Sin embargo, esta definición no lo convierte en algo *bueno* o *malo*. Estos adjetivos no forman parte del capitalismo, sino de nuestra manera de verlo y de etiquetarlo.

En la medida en que trascendemos nuestra percepción moral de la realidad, podemos renunciar a que el mundo sea como nosotros hemos determinado que *debe ser*. Principalmente porque el mundo —y todo lo que en él existe y acontece— tiene derecho a ser tal como es, de la misma manera que nosotros tenemos derecho a ser tal como somos. Más allá de que estemos de acuerdo o no con lo que sucede, desde un punto de vista existencial es completamente legítimo que todo suceda tal y como está sucediendo.

Aceptar las cosas tal como son

Al ir más allá de nuestra subjetividad, empezamos a ver, a comprender y a aceptar que las cosas son como son. Así, la conciencia ética se sustenta sobre dos pilares: la objetividad de nuestras interpretaciones y la neutralidad de nuestros pensamientos. A diferencia de la moral —que nos guía hacia la división, la lucha y el conflicto—, la ética nos mueve hacia la unión, el respeto y el servicio. No se posiciona ni *a favor* ni *en contra* de lo que sucede. Más bien adopta una actitud *neutral*, yendo más allá de cualquier noción *dual* de la realidad. De hecho, nos eleva, ayudándonos a ver la realidad con más distancia y perspectiva. Es entonces cuando podemos ofrecer nuestra mejor versión.

No importa cómo sea la persona o la situación que tengamos delante. Ni tampoco lo que esté diciendo, haciendo o sucediendo. Al guiarnos por nuestra conciencia ética no perdemos el tiempo juzgando ni criticando lo que está ocurriendo. Esencialmente porque no interpretamos ni etiquetamos la realidad como *buena* o *mala*. Y gracias a esta nueva visión más neutra y objetiva, comprendemos que las *cosas* siempre tienen una razón de ser que las mueve a ser como son. De ahí que frente a cualquier circunstancia de nuestra vida, la ética nos motive a elegir de forma voluntaria los pensamientos, las palabras, las actitudes y las conductas más beneficiosas para nosotros, los demás y el entorno del que formamos parte.

Y entonces, ¿qué es la ética? Etimológicamente procede del vocablo griego «*eéthos*», que significa «modo de ser», «carácter» y «predisposición permanente para actuar de forma íntegra». Es decir, que podría definirse como la manera natural de relacionarnos cuando vivimos conectados con nuestra verdadera esencia. Y dado que la ética es el principal fruto de la consciencia y la sabiduría, siempre nos inspira a dar lo mejor de nosotros mismos en cada momento.

Así, al regirnos por nuestra conciencia ética, no juzgamos moralmente el capitalismo —por seguir con este ejemplo—, sino que invertimos nuestro tiempo, esfuerzo, atención y energía para interactuar en este sistema de forma objetiva y neutra, orientando nuestra existencia al bien común. En este sentido, la conciencia ética nos inspira a ser el cambio que queremos ver en el mundo. Curiosamente, la felicidad es la base sobre la que se asienta la ética y esta, la que permite preservar nuestra felicidad. De ahí que más allá de ser *buenos*, lo importante es que aprendamos a ser *felices*.

> La vida no consiste en esperar a que pase la tormenta,
> sino en aprender a bailar bajo la lluvia.
>
> MAHATMA GANDHI

31. ¿MALDAD O IGNORANCIA?

La mayoría de seres humanos cree que existe la maldad. Es decir, que la sociedad está compuesta por algunos individuos *malos* capaces de hacer el *mal* a los demás. Sea como fuere, en nuestro día a día interactuamos con todo tipo de personas, la mayoría de las cuales —al igual que nosotros— orientan su existencia a saciar su propio interés. Esta es la razón por la que solemos entrar en conflicto los unos con los otros, lo que en algunas ocasiones provoca que salgamos —desde un punto de vista emocional— gravemente heridos.

De esta manera, en general solemos decir que alguien es «malo» cuando sus decisiones, actitudes y conductas no nos favorecen o directamente nos perjudican. También llegamos a esta conclusión cuando no estamos de acuerdo con su comportamiento. Así, etiquetamos de «malo» a un cliente que grita a un dependiente por no atenderle inmediatamente. A un conductor que se salta un semáforo a toda velocidad. A una organización que vierte residuos tóxicos sobre el medio ambiente...

Más allá de estas situaciones, un ejemplo muy cotidiano de *maldad* lo encontramos en la figura de nuestro jefe. Especialmente si se trata de un jefe *tóxico*, que suele echarnos una bronca cuando las cosas no salen tal y como él esperaba. Pongamos por caso que un día cometemos un error y nos cita para *hablar* del tema en su despacho. Y nada más cerrar la puerta, comienza a faltarnos al respeto gritándonos con dureza. Cinco minutos después, salimos de aquel lugar con una profunda sensación de impotencia, tristeza y enfado.

Dado que a ninguno de nosotros nos gusta que nos griten —y mucho menos que nos falten al respeto— en general solemos calificar a nuestro jefe de «mala persona», culpándolo por lo «mal» que nos ha hecho sentir. Sin embargo, al observar la escena más detenidamente caemos en la cuenta de que la situación es algo diferente de cómo la hemos interpretado. En primer lugar, echar una bronca no es una conducta *buena* ni *mala*. Más bien es neutra y completamente legítima. Eso sí, como cualquier acción, tiene consecuencias. Y estas ponen de manifiesto que se trata de una conducta muy poco inteligente y nada eficiente. Dado que el error ya se ha producido, la bronca solo sirve para agravar la situación, no para enmendarla. Tampoco contribuye a fortalecer ningún vínculo. Más bien contribuye a destruirlo.

Paradójicamente, la bronca perjudica especialmente a la persona que la emite y no tanto a quien la recibe. Así, al gritar y enfurecerse, el jefe empieza a tomarse *chupitos* de *cianuro*, creando en su interior emociones tan destructivas como la rabia, la ira, el resentimiento y la frustración. Y estas no solo desgastan por completo su energía vital, sino que también envenenan su mente, su cuerpo y su corazón.

Todo el mundo lo hace lo mejor que sabe

Si tan nocivo es echar una bronca, ¿por qué lo ha hecho? A pesar de lo que solemos creer, este tipo de actitudes y conductas tan irracionales no tienen nada que ver con la maldad. Su verdadera causa reside en la ignorancia. Más que nada porque ¿quién en su sano juicio desea hacerse daño a sí mismo? ¿Quién de nosotros decide sufrir de forma voluntaria? Nadie. Por más barbaridades que podamos cometer, estas aparecen como consecuencia de seguir estando tiranizados por la inconsciencia de nuestro ego. Es decir, por el hecho de no saber (y no darnos cuenta) de que cualquier pensamiento, palabra, actitud o conducta dañino o hiriente, primeramente nos daña y nos hiere a nosotros mismos.

En última instancia, todo el mundo lo hace lo mejor que sabe, de la misma manera que nosotros nos comportamos de la mejor manera que sabemos. Así, nuestras conductas son el resultado del tipo de información que manejamos, el grado de energía vital que cultivamos y el nivel de entrenamiento que practicamos. Además, todos tenemos derecho a cometer errores con los que aprender, crecer y madurar.

Por seguir con este ejemplo, el sufrimiento que experimenta el jefe puede servirle para tomar consciencia de las nefastas consecuencias que tiene echar una bronca sobre sí mismo, sus empleados y la organización de la que forma parte. Y en base a esta revelación, asumir su parte de responsabilidad y optar por aprender a relacionarse con el error de sus colaboradores de una forma más constructiva. Por ello, tanto la bronca como el resto de conductas que solemos etiquetar como «malas» pueden ser reinterpretadas como acciones «necesarias» para seguir avanzando y evolucionando en el camino del autoconocimiento.

A su vez, nosotros podemos sacar muchos aprendizajes de esta situación, siempre y cuando asumamos nuestra parte de responsabilidad. Para empezar, que nosotros estamos eligiendo trabajar en una empresa que cuenta con este tipo de jefes autoritarios. En última instancia podemos renunciar cuando queramos y buscar otra alternativa laboral. Por otra parte, también podemos aprovechar la bronca del jefe para aprender a aceptar a los demás aunque no estemos de acuerdo con sus actitudes y conductas. Y de paso, saber cómo manejar nuestra mente y nuestros pensamientos frente a este tipo de situaciones adversas. Quién sabe, puede que un día nos sorprendamos lidiando una bronca con otra actitud, evitando perturbarnos a nosotros mismos.

Además, cabe recordar que las personas más conflictivas son las que más sufren. De ahí que en vez de victimizarnos frente a su presencia y culparlas por los efectos que su comportamiento tiene sobre nosotros, podamos desarrollar la empatía y la compasión. Y esta no tiene nada que ver con sentir lástima o pena. La auténtica compasión consiste en comprender las motivaciones que llevan a otras personas a hacer lo que hacen. Más allá de que no estemos de acuerdo con su actitud o su conducta, la compasión nos permite entender que lo están haciendo lo mejor que pueden en base a su nivel de consciencia, a su estado de ánimo y a su grado de comprensión. No en vano, estos determinan su forma de pensar y de comportarse.

Y esto es algo que podemos verificar en nosotros mismos. ¿Acaso nunca hemos echado una bronca a otra persona? ¿Realmente lo hicimos de forma consciente y voluntaria? ¿Cómo nos sentimos durante y después? Si somos honestos, nos damos cuenta de que en ocasiones actuamos de esta manera tan irracional porque nos sentimos *mal* con nosotros mismos, convirtiéndonos en marionetas de nuestro propio *malestar*. Si pudiéramos elegir, seguramente nos comportaríamos de otra manera mucho más constructiva y eficiente.

Por más difícil que nos sea de aceptar, la maldad no existe. Lo que sí abunda —a toneladas— es la ignorancia y la inconsciencia. Es precisamente este lado oscuro no iluminado el que nos empuja a cometer todo tipo de disparates y atrocidades, los cuales nos dañan —primeramente— a nosotros mismos. Por todo ello, es interesante señalar que la maldad solo se concibe en una sociedad que promueve el victimismo y la culpa, negando, por otra parte, la responsabilidad y la posibilidad de cometer errores para aprender y evolucionar.

> Ámame cuando menos lo merezca
> porque es cuando más lo necesito.

Proverbio chino

Para saber si seguimos anclados en el victimismo o, por el contrario, estamos entrenando el músculo de la responsabilidad, basta con verificar cómo estamos mirando e interpretando nuestras circunstancias: como problemas o como oportunidades. El hecho de que percibamos la realidad de una manera u otra es *determinante* para comprender por qué nuestras vidas son como son, y por qué a nivel emocional estamos obteniendo unos *determinados* resultados.

Frente a esta dicotomía, es interesante señalar que un problema es cualquier cosa, situación o persona que provoca que nos perturbemos a nosotros mismos. Imaginemos por un momento que nuestra pareja se pasa mucho tiempo tumbada en el sofá viendo programas de salsa rosa. Por más que consideremos que es una «vaga» o que «está perdiendo el tiempo» su comportamiento en sí mismo no es *bueno* ni *malo*. Como toda acción, tiene consecuencias. De ahí que estas etiquetas dependan de nuestra forma de verlo e interpretarlo. Así, en función de qué opinemos acerca de estar tumbado en el sofá viendo series —y de cómo esto nos haga sentir— puede que consideremos este hecho como un problema.

Curiosamente, hay quienes perciben esta situación con otros ojos y no se perturban a sí mismos cuando ven a su pareja pasar la tarde apalancada. Probablemente, porque ellos mismos también lo hacen o simplemente porque aceptan y respetan la decisión tomada por su compañero sentimental. Así, el verdadero problema jamás se encuentra en nuestras circunstancias, sino en nuestra mente. No en vano, la raíz de nuestras perturbaciones reside en nuestros pensamientos. Y estos, en nuestras creencias limitantes y erróneas acerca de cómo *deberían de ser* las cosas.

Por ello, si de verdad estamos comprometidos con desarrollar todo nuestro potencial, cada vez que nos topemos con un problema, podemos empezar a verlo como lo que en realidad es: una oportunidad de aprendizaje. Lo cierto es que este enfoque más constructivo nos permite cuestionar las limitaciones internas que nos llevan a interpretar lo que sucede de forma subjetiva y egocéntrica. Así, la próxima vez que veamos a nuestra pareja tumbada en el sofá podemos recordarnos que no es su conducta, sino nuestra manera de interpretarla, la causa de nuestro malestar.

Esta revelación nos hará comprender que no se trata de cambiar lo externo (el hecho), sino de modificar lo interno. Es decir, nuestra actitud frente al hecho. También podemos tratar de ver la situación desde nuestra conciencia ética, en vez de hacerlo desde nuestra limitada conciencia moral, que nos lleva a juzgar a nuestra pareja. Solo así podremos aprovechar esta situación para aprender a cultivar nuestra felicidad (por medio de la responsabilidad); a preservar nuestra paz interior (por medio de la aceptación) y a dar lo mejor de nosotros mismos por medio del servicio.

Los problemas no existen

Además, si adoptamos una postura intolerante y rígida —basada en el juicio y la reprimenda— lo más probable es que obtengamos un resultado ineficiente. Dado que no la estamos aceptando, nuestra pareja seguramente se moleste y acabemos peleando. En cambio, partiendo de la premisa de que tiene derecho a ver series —lo cual no quiere decir que nos guste que lo haga, que estemos de acuerdo ni que la apoyemos—, lo más eficaz es tomar una actitud respetuosa. Y en paralelo, darle libertad y confiar en ella para que decida por sí misma que es lo que en esos momentos de su vida más le conviene. Además, ¿quiénes somos nosotros para determinar lo que otro ser humano debe o no hacer con su vida?

De este modo, tarde o temprano verificamos que en realidad no hay problemas. Lo que sí existen son los procesos.[41] Así, todo lo que forma parte de la vida —incluyéndonos a nosotros mismos— está en su propio proceso de desarrollo y evolución. Que nuestra pareja se pase horas tumbada en el sofá viendo programas de salsa rosa no es un *problema*. Es un *proceso*. Que nos despidan del trabajo tampoco es un *problema*. Es un *proceso*. Y lo mismo ocurre cuando nos deja nuestro compañero sentimental. También es un *proceso*. Ni siquiera el hecho de que muera un ser querido es un *problema*. Por más que nos victimicemos, luchemos y suframos al afrontar este tipo de situaciones, ninguna de ellas es un *problema*. Todas son *procesos*. Y estos no tienen *solución*, sino un *comienzo* y un *final*.

Y además, ¿qué sabemos acerca de las cosas que nos pasan? Lo que hoy determinamos que es *malo* mañana puede convertirse en algo *bueno*. Y viceversa: lo que hoy valoramos como *bueno* mañana puede derivar en algo *malo*. Quizás nuestra pareja ha de pasarse muchos meses apalancada para comprobar por sí misma que el consumo de este tipo de televisión no le aporta nada constructivo. Y que su exceso de sedentarismo le impide vivir conectada y feliz. Y en base a esta comprensión decidir dejarlo, entrenando así la fuerza de voluntad.

En este sentido, quizás hemos de pasar por la experiencia del paro para reflexionar acerca del rumbo que había tomado nuestra vida y decidir reinventarnos profesionalmente. Quizás hemos de vivir una ruptura sentimental para darnos cuenta de que somos excesivamente dependientes. Y por consiguiente, empezar a amarnos más a nosotros mismos para ser más libres e independientes emocionalmente.

Por más doloroso que nos resulte, quizás la muerte de un ser muy querido nos hace despertar, llevándonos a valorar más intensamente la vida y todo lo que en ella acontece. No en vano, hasta que no nos sucede alguna experiencia verdaderamente adversa y desfavorable, en general no solemos abandonar nuestra zona de comodidad. Esta es la esencia de la resiliencia. Es decir, la capacidad de aprovechar circunstancias adversas para conectar con nuestro espíritu de superación y madurar emocionalmente.

Toda situación que consideramos adversa esconde un beneficio oculto en forma de aprendizaje. Tanto es así que, al descubrirlo y aprovecharlo para nuestra transformación, terminamos sintiéndonos agradecidos por lo mucho que nos ha aportado. El secreto reside en dejar de ver las cosas que nos pasan como problemas y empezar a concebirlas como unas oportunidades.

La vida nos manda regalos envueltos en problemas.

PROVERBIO TAOISTA

33. ¿CASUALIDADES O CAUSALIDADES?

Debido a la filosofía materialista imperante en nuestra sociedad, en general solemos creer que nuestra vida es un accidente regido por la suerte y las coincidencias. Es decir, que no importan nuestras decisiones y nuestras acciones, pues en última instancia todo pasa por casualidad. Lo cierto es que esta visión de la existencia nos convierte en meras marionetas en manos del azar.

En paralelo, muchos abrazamos el nihilismo como filosofía de vida, negando cualquier significado o finalidad trascendente de la existencia humana. En base a esta creencia, solemos orientar nuestra vida a saciar nuestro propio interés, tratando de escapar del dolor y el malestar que nos causa llevar una vida vacía y sin sentido. Y lo hacemos por medio del placer y la satisfacción que proporcionan a corto plazo el consumo materialista y el entretenimiento.

Pero ¿realmente la vida es un accidente que se rige de forma aleatoria? ¿Las cosas pasan por casualidad? ¿Estamos aquí para trabajar, consumir y divertirnos? ¿Acaso no hay una finalidad más trascendente? Lo irónico es que la existencia de estas creencias limitadoras pone de manifiesto que todo lo que existe tiene un propósito, por más que muchas veces no sepamos descifrarlo. Así, creer que no tenemos ningún tipo de control sobre nuestra vida refuerza nuestro victimismo. Y pensar que la existencia carece por completo de sentido justifica nuestra tendencia a huir constantemente de nosotros mismos por medio de la evasión y la narcotización.

Es decir, que incluso estas creencias tienen su propia razón de ser. No forman parte de nuestro paradigma por casualidad, sino que cumplen la función de evitar que nos enfrentemos a nuestros dos mayores temores: el miedo a la libertad y el miedo al vacío. Mientras sigamos creyendo que nuestra propia vida no depende de nosotros, podremos seguir eludiendo cualquier tipo de responsabilidad. Y mientras sigamos pensando que el universo no es más que un accidente, podremos seguir marginando cualquier posibilidad de encontrar el verdadero sentido de nuestra existencia.

Lo cierto es que en general solemos preguntarnos *por qué* nos pasan las cosas, en lugar de reflexionar acerca de *para qué* nos han ocurrido. Y eso que existe una diferencia abismal entre una y otra forma de afrontar nuestras circunstancias. Preguntarnos *por qué* nos ha ocurrido un determinado hecho es completamente inútil. Fomenta que veamos la situación como un problema. Y esta visión nos lleva a adoptar el papel de víctima. De ahí que nos haga sentir impotentes.

Del por qué al para qué

En cambio, preguntarnos *para qué* nos ha pasado un determinado suceso nos permite ver esa misma situación como una oportunidad. Y esta percepción nos lleva a entrenar el músculo de la responsabilidad. Por ello, esta actitud no solo es mucho más eficiente y constructiva, sino que nos da poder y nos motiva, favoreciendo que empecemos a intuir —e incluso a ver— el sentido oculto de las *cosas*. Es decir, la oportunidad de aprendizaje subyacente a cualquier experiencia, sea la que sea.

Y esto es precisamente de lo que trata la «física cuántica».[42] En líneas generales, establece que la realidad es un campo de potenciales posibilidades infinitas. Sin embargo, solo se materializan aquellas que son contempladas y aceptadas. Es decir, que ahora mismo —en este preciso instante— nuestras circunstancias actuales son el resultado de la manera en la que hemos venido pensando y actuando a lo largo de nuestra vida. Si hemos venido creyendo que estamos aquí para tener un empleo monótono que nos permita pagar nuestros costes de vida, eso es precisamente lo que habremos creado con nuestros pensamientos, decisiones y comportamientos.

Por el contrario, si cambiamos nuestra manera de pensar y de actuar, tenemos la opción de modificar el rumbo de nuestra existencia, cosechando resultados diferentes. Y esto pasa por cuestionar y revisar nuestro actual sistema de creencias. Ahora mismo podemos empezar a visualizar cómo nos gustaría que fuese nuestra vida, reformulando nuestra escala de valores, prioridades y aspiraciones. Poco a poco, en la medida que pensemos, tomemos decisiones y actuemos en coherencia con estas nuevas preferencias, comenzaremos a construir un estilo de vida diferente. De hecho, según ha descubierto la física cuántica, solamente con creer que es posible estamos dando el primer paso para que —a través de un proceso— esta posibilidad pueda convertirse en realidad.

El efecto mariposa

Lo mismo nos sugiere «la teoría del caos».[43] Por medio de complicados e ingeniosos cálculos matemáticos permite deducir el orden subyacente que ocultan fenómenos aparentemente aleatorios. Dentro de estas investigaciones, destaca «el efecto mariposa». Su nombre proviene del proverbio chino «el aleteo de una mariposa puede provocar un tsunami al otro lado del mundo». Y en esencia, sostiene que el hecho de introducir un pequeño cambio en nuestra ecuación existencial puede generar efectos considerables.

Imaginemos por ejemplo que un joven se va un año fuera de su ciudad para estudiar un máster en el extranjero. Y que gracias a este título universitario, al regresar a casa entra a trabajar de becario en una empresa. Su jefe lo lleva a un extremo de la oficina, donde solo quedan dos mesas libres. Y un par de días más tarde, aparece una nueva becaria —esta vez procedente de la universidad—, a quien el jefe ubica justamente a su lado. Nada más verse, los dos jóvenes se enamoran. Ha sido un flechazo en toda regla. Y seis años más tarde se casan y forman una familia.

Siguiendo con este ejemplo, el efecto mariposa estudiaría la red causal de acontecimientos que hicieron posible que el chico coincidiera con la chica en un lugar físico determinado en un momento psicológico oportuno. Al observar su historia detenidamente, comprobamos que el joven decidió estudiar un máster a raíz de la separación con su ex novia, a quien conoció años atrás en una discoteca. Remontándonos a esa noche de fiesta, cabe destacar que el chico decidió salir con sus amigos e ir concretamente a ese club nocturno —y no a otro— tras perder una apuesta.

Es decir, que si no hubiera perdido aquella apuesta, no hubiera ido a aquella discoteca y, en consecuencia, no hubiera conocido a su primera novia. Y si esta no lo hubiera dejado, no habría estudiado el máster, que es lo que le permitió entrar a trabajar de becario. Y fue precisamente este empleo el que le posibilitó conocer y enamorarse de la mujer con la que pasaría el resto de su vida. ¿Quién sabe qué hubiera sucedido si hubiera ganado aquella apuesta y hubiera ido de fiesta a otra discoteca? Por todo ello, en la historia personal del chico, perder una simple apuesta le llevó a ganar un amor verdadero. Esta es la esencia del efecto mariposa, que nos demuestra que solemos llamar *caos* al *orden* que todavía no comprendemos.

El principio de la sincronicidad

Por más que el *establishment* intelectual nos lo haga creer, nuestra existencia no está gobernada por la suerte, el azar ni las coincidencias, sino por «el principio de la sincronicidad»,[44] el cual determina que los sucesos que ocurren tienen un propósito pedagógico. Pero como todo lo verdaderamente importante, no podemos verlo con los *ojos* ni entenderlo con la *mente*. Por decirlo de forma poética, esta profunda e invisible red de conexiones tan solo puede comprenderse con el *corazón*. Es decir, con lo que coloquialmente denominamos «intuición».

El principio de la sincronicidad afirma que por más que en un primer momento seamos incapaces de establecer una relación causal entre los sucesos que forman parte de nuestra vida, todo tiene una razón de ser. Es decir, que aunque a veces nos ocurren *cosas* que aparentemente no tienen nada que ver con las decisiones y las acciones que hemos tomamos en nuestro día a día, estas *cosas* están ahí para que aprendamos *algo* acerca de nosotros mismos, de nuestra manera de comprender y de relacionarnos con la existencia.

De ahí que mientras sigamos resistiéndonos a ver la vida como un aprendizaje, seguiremos sufriendo por no aceptar las circunstancias que hemos co-creado con nuestros pensamientos, decisiones y acciones. Y no solo eso. También nos perderemos la magia y el encanto inherente a nuestra existencia, un reconocimiento que nos lleva inevitablemente a inclinarnos con humildad frente al misterio y la sabiduría de la vida. Es entonces cuando comprendemos que no nos sucede lo que queremos, sino lo que necesitamos para aprender a ser felices por nosotros mismos (dejando de sufrir), a sentir una paz invulnerable (dejando de reaccionar) y a amarnos a nosotros mismos, a los demás y a la vida de forma incondicional, dejando de luchar y entrar en conflicto.

De este modo, podemos concluir que no existen las coincidencias. Tan solo la ilusión de que existen las coincidencias. De hecho, el principio de la sincronicidad también establece que nuestro sistema de creencias —y por ende nuestra manera de pensar— determinan en última instancia la creación de nuestra identidad y de nuestras circunstancias. Por ejemplo, si somos personas miedosas, seguramente atraeremos a nuestra vida situaciones inciertas que nos permitan entrenar los músculos de la confianza y la valentía.

Por otro lado, si somos personas dependientes y sin autoestima, principalmente atraeremos a personas conflictivas con las que cultivar la independencia emocional y la aceptación de nosotros mismos. En cambio, si somos personas iracundas, seguramente atraeremos hechos adversos que nos lleven a fortalecer nuestra paciencia y serenidad. Así, los sucesos externos que forman parte de nuestra existencia suelen ser un reflejo de nuestros procesos emocionales internos. De ahí la importancia de conocernos a nosotros mismos para cuestionar, comprender y trascender nuestra ignorancia e inconsciencia.

La ley del karma

Si bien la física cuántica, la teoría del caos, el efecto mariposa y el principio de la sincronicidad son descubrimientos científicos llevados a cabo en Occidente a lo largo del siglo XX, lo cierto es que no tienen nada de nuevo. En Oriente se llegó a esta misma conclusión hace más de 2.500 años. Es decir, alrededor del siglo V a. C. Por aquel entonces se popularizó «la ley del karma»,[45] también conocida como «la ley de causa y efecto». Entre otros aspectos, determina que la mayoría de sucesos que componen nuestra existencia no están regidos por la casualidad, sino por la causalidad. De ahí que suela decirse que cada uno de nosotros recoge lo que siembra.

Aunque es cierto que algunas ramas esotéricas tienden a vulgarizar y banalizar este tipo de teorías, la ley del karma afirma

—en esencia— que todo lo que pensamos, decimos y hacemos tiene consecuencias. De ahí que en el caso de que cometamos errores, obtengamos efectos o resultados de malestar e insatisfacción que nos permitan darnos cuenta de nuestra equivocación, pudiendo así crecer, evolucionar y madurar como seres humanos. Y en paralelo, en el caso de que cometamos aciertos, cosechemos efectos o resultados de bienestar y satisfacción que nos permitan verificar que estamos viviendo con comprensión, discernimiento y sabiduría. Así, no importa cuánto tiempo tenga que pasar, tarde o temprano cosecharemos lo que hayamos sembrado.

Llegados a este punto, cabe señalar que de la misma manera que cuando lanzamos al aire un puñado de arena esta no cae al suelo en forma de castillo, el universo y todo lo que forma parte de él no se han construido por azar. Todo lo que existe tiene un plan, un propósito, una razón de ser. La vida no es un accidente donde las cosas pasan porque sí.

Por el contrario, está regida por principios y leyes naturales —como «la ley de la gravedad»—,[46] que lenta y progresivamente están siendo descubiertas y confirmadas como ciertas por la ciencia. Concretamente por los físicos que se atreven a cuestionar e ir más allá del *establishment* científico. Eso sí, dada la naturaleza intangible de todos estos descubrimientos, es fundamental que no nos creamos nada de lo que hayamos leído en este capítulo. Estas reflexiones tan solo tendrán algún tipo de impacto en nuestra vida en la medida en que las verifiquemos a través de nuestra propia experiencia.

Lo que no hacemos consciente se manifiesta
en nuestra vida como destino.

CARL GUSTAV JUNG

IX. Estadios evolutivos

No podemos resolver un problema desde el mismo
nivel de comprensión en el que lo creamos.

ALBERT EINSTEIN

Cuenta una historia que un cachorro de león se perdió por la selva. Y días más tarde, fue encontrado por un grupo de ovejas, el cual lo acogió como uno más de su rebaño. Durante su infancia fue amamantado por una oveja. Más tarde, comenzó a imitar a su rebaño, llegando incluso a balar y correr como ellas. Fueron pasando los años, y aquel cachorro se convirtió en un león adulto, fuerte y robusto. Sin embargo, estaba totalmente convencido de que era una oveja.

Un buen día, un anciano león que estaba descansando en sus aposentos, divisó a lo lejos a otro león que estaba rodeado por un rebaño de ovejas. Sorprendido, observó cómo se relacionaba con ellas como si fuera una oveja más. Incluso lo vio alimentarse a base de hierba. Movido por su curiosidad, decidió acercarse para conversar con él y preguntarle qué estaba haciendo.

Sin embargo, en la medida que fue acercándose al rebaño, todas las ovejas comenzaron a correr despavoridas, incluyendo el león-oveja, el cual estaba totalmente aterrorizado. Tras perseguirlo un buen rato, el anciano león consiguió arrinconar al león más joven, el cual se había tenido que detener junto a un estanque, que impedía su paso.

El anciano león se le acercó, mirándole fijamente a los ojos. Mientras, el león-oveja no podía dejar de templar. Estaba muerto de miedo. Al verlo tan espantado, el león mayor le preguntó:

«¿*Qué te pasa, compañero? ¿Por qué estás tan asustado? ¿Y qué demonios estás haciendo entre estas ovejas?*». Extrañado, el león-oveja le contestó: «*Cómo quieres que me sienta. Tú eres un león, el rey de la selva. Y yo solo soy una oveja*».

Incrédulo, el anciano león se puso junto a él y le dijo con fuerza: «*¡Pero qué dices! ¿Acaso te has vuelto loco? Tú no eres una oveja*». Entonces hizo un ademán con su cabeza para que el león-oveja mirase hacia el estanque. Y acto seguido le dijo: «*¡Mira!*». Por primera vez en toda su vida, aquel león vio su propio rostro reflejado en el agua. Y justo en ese instante se transformó, emitiendo un gran rugido. Nunca más volvió a comportarse como una oveja y su vida cambió para siempre.

34. La espiral de la madurez

Para la gran mayoría de culturas milenarias, la mariposa representa la metamorfosis. La ciencia contemporánea ha comprobado que es el único ser vivo capaz de modificar totalmente su estructura genética. El ADN de la oruga que se envuelve en la crisálida es diferente al de la mariposa que sale de él. De ahí que este proceso natural se haya convertido en el símbolo del cambio y la transformación.

Y entonces, ¿qué es mejor: la oruga, la crisálida o la mariposa? En este caso no hay *mejor* ni *peor*. Simplemente son diferentes estadios en el camino de la evolución. Y por «estadios» nos referimos a las etapas o fases que forman parte de cualquier proceso de desarrollo y crecimiento. Lo mismo sucede con la especie humana. Cada uno de nosotros se encuentra en un determinado estadio evolutivo, que no es ni mejor ni peor que el del resto de seres humanos.

Al igual que las orugas, cada uno de nosotros estamos llamados a seguir un proceso natural de evolución, que se realiza por medio del aprendizaje que podemos extraer de las experiencias que forman parte de nuestra vida. Consciente o inconsciente-mente, todos avanzamos a nuestro propio ritmo y siguiendo nuestras propias pautas. En este sentido, cabe decir que esta metamorfosis no necesariamente llega a culminarse. Muchos solemos quedarnos estancados en alguna fase de este proceso, sin convertirnos en quienes podríamos llegar a ser.

Curiosamente, los estadios evolutivos no tienen nada que ver con la vejez física, sino con la madurez psicológica y espiritual. Se sabe de individuos que al llegar a la edad adulta siguen victimizándose, adoptando actitudes infantiles y conductas adolescentes. Y también de jóvenes que han asumido las riendas de su vida, dejando de culpar a los demás por las consecuencias que tienen sus decisiones y sus actos.

En función del estadio evolutivo en el que nos encontramos, nos relacionamos con nuestras circunstancias de una determinada manera. Cuanto menor es nuestra evolución, más egocéntricos, victimistas, reactivos, ignorantes e inconscientes somos. Y como consecuencia, más sufrimos, luchamos y entramos en conflicto con los demás. Por el contrario, cuanto mayor es nuestra evolución, más altruistas, responsables, proactivos, sabios y conscientes somos. Y por ende, más felices nos sentimos y mayor es nuestra capacidad de amar y de servir a los demás.

Así como las mariposas pueden empatizar y comprender el modo de pensar y de comportarse de las orugas —en su día fueron como ellas—, las orugas ni se imaginan lo que es ver y disfrutar de la vida desde la perspectiva de las mariposas. Más que nada porque todavía no lo han experimentado. A este proceso de cambio, transformación y evolución se le conoce como «la espiral de la madurez».

En la medida que aprendemos de nuestros errores y nos responsabilizamos de cultivar la felicidad, la paz y el amor, vamos avanzando por el camino que nos permite convertirnos en nuestra mejor versión. Así es como trascendemos nuestro instinto de supervivencia emocional (el ego), donde están registrados todos los condicionantes y limitaciones que nos han sido inculcados. Y como resultado, conectamos con nuestra verdadera esencia (el ser), descubriendo y desplegando nuestro inmenso potencial. Solo entonces dejamos de *arrastrarnos* como orugas y empezamos a *volar* como mariposas.

> Por más que te explique a qué sabe el fruto de los baobabs,
> no lo sabrás hasta que lo pruebes por ti mismo.
>
> PROVERBIO MALGACHE

35. DEPENDENCIA, INDEPENDENCIA E INTERDEPENDENCIA[47]

Al nacer, los seres humanos somos profundamente dependientes a nivel físico, emocional y económico. Durante muchos años de nuestra existencia no podemos valernos por nosotros mismos ni darnos lo que necesitamos para sobrevivir. De ahí que dependamos de los demás —especialmente de nuestros padres— para que nos alimenten y nos cuiden. También para que nos protejan y cubran nuestros costes de vida. Pero, sobre todo, para sentir afecto y amor. Por ello, todos nosotros —sin excepción— pasamos por una primera fase de «dependencia».

A muchos nos cuesta superar esta etapa. Principalmente en el plano emocional. Estamos tan acostumbrados a depender de otras personas que seguimos delegando nuestro bienestar en aspectos externos. Esta es la razón por la que algunos individuos vivimos apegados a lo que dicen nuestros padres, a la compañía de nuestras parejas, al apoyo de nuestros amigos y, en general, a la opinión que tiene la gente de nosotros. Parece como si no pudiéramos ser felices sin *ellos*. Ni tampoco orientarnos en la vida sin su guía y apoyo.

Ya en la juventud, estamos en disposición de adentrarnos en la segunda fase: la «independencia». Y esta pasa por convertirnos en individuos autónomos y responsables, haciéndonos cargo de nosotros mismos en los diferentes ámbitos de nuestra existencia. Con el tiempo aprendemos a cuidar nuestra salud. A ganar dinero con el que sufragar nuestros gastos. A vivir en nuestra casa. Y a tomar decisiones de forma libre, siguiendo nuestro propio camino en la vida.

Al asumir la independencia empezamos a cultivar la autosuficiencia, tratando de no necesitar nada ni a nadie. Y al centrarnos en nosotros mismos, nos esforzamos para conseguir lo que deseamos. Para lograrlo, solemos romper las *cadenas* emocionales que nos mantenían *presos* de nuestro entorno afectivo. A veces es tan grande nuestra necesidad de reafirmarnos que terminamos aislándonos, huyendo reactivamente de los demás. El hecho de que otras personas sigan teniendo el poder de perturbarnos —o de que evitemos al máximo el contacto con la sociedad— pone de manifiesto que en esta etapa nuestra independencia es física, pero no psicológica.

Más allá de la dependencia y la independencia, existe una tercera y definitiva fase: la «interdependencia». Si bien cada uno de nosotros está destinado a construir su propia vida, somos seres sociales que formamos parte de una realidad donde todo está conectado e interrelacionado. Eso sí, la interdependencia se cultiva al lograr una sana emancipación emocional, también conocida como «desapego». Y este pasa por comprender que somos los únicos responsables de las decisiones que tomamos y de que nuestra felicidad solo depende de la actitud con la que afrontamos nuestras circunstancias.

Para llegar a la interdependencia, es fundamental aprender a autoabastecernos emocionalmente, cultivando así nuestra autoestima. De esta manera, podemos establecer vínculos afectivos más auténticos, respetuosos y satisfactorios. Contamos con los demás de la misma manera que los demás pueden contar con nosotros. Ya no reaccionamos. Ni tampoco huimos ni nos aislamos. De pronto nos sentimos unidos a todo lo que nos rodea, y disfrutamos de esta conexión con libertad, madurez, consciencia y responsabilidad.

En paralelo, dejamos de competir y empezamos a cooperar. De hecho, al entrenar la interdependencia solemos crear sinergias con otros individuos, combinando esfuerzos para poder alcanzar resultados que solos jamás hubiésemos logrado. Y al hacerlo, constatamos que la colaboración entre los seres humanos es la base de cualquier logro realmente extraordinario.

> Este gozo que siento no me lo ha dado el mundo.
> Y por tanto el mundo no me lo puede arrebatar.
>
> SHIRLEY CAESAR

36. CAMELLO, LEÓN Y NIÑO[48]

En la sociedad contemporánea, llegar a ser *uno mismo* requiere grandes dosis de confianza, coraje y valentía. Principalmente porque ser verdaderamente auténticos pasa por vencer y superar todos nuestros temores internos. Por lo general, la mayoría de seres humanos atravesamos un primer estadio evolutivo conocido con el nombre de «camello» u «oveja». Al no saber quiénes somos, nuestra forma de pensar y de comportarnos se asemeja mucho al lugar donde nos criamos. No tenemos identidad propia. Vivimos tiranizados por el miedo y la inseguridad. Y nos infravaloramos. Debido a esta falta de autoestima, somos obedientes y sumisos, conformándonos con el modo de vivir establecido por el *statu quo*.

En este estadio evolutivo vivimos como esclavos que ignoran su esclavitud. Y esta consiste en creer ciegamente en la manera en la que hemos sido adoctrinados. No cuestionamos las directrices que nos llegan desde afuera. Al comportarnos como camellos u ovejas seguimos al rebaño sin hacernos demasiadas preguntas. Nos adaptamos al canon impuesto por la mayoría.

Anclados en la resignación, llevamos una existencia monótona y carente de sentido. Fundamentalmente, nos dedicamos a trabajar, consumir y divertirnos. Y terminamos por acostumbrarnos a un estilo de vida que no nos satisface, pero que por lo menos nos permite ser aceptados como individuos *normales* por la sociedad.

En el camino que nos conduce al descubrimiento de nuestra verdadera esencia, el siguiente estadio evolutivo se conoce con el nombre de «león». De pronto nos permitimos sentir nuestro vacío interior. Y este nos conecta con la necesidad y la inquietud de averiguar quiénes somos y cuál es nuestro lugar en el mundo. Y para lograrlo, rompemos las *cadenas* que nos atan al entorno social y familiar en el que hemos sido *educados*. Lenta pero progresivamente vamos ganando confianza en nosotros mismos. Empezamos a *despertar* y nos damos cuenta de que no estamos viviendo nuestra propia vida, sino la que otros nos han dicho que teníamos que vivir. Ya no nos contentamos con llevar una existencia *normal*. Nos volvemos inconformistas, y este inconformismo nos motiva a buscar nuestra propia verdad.

Adoptar una postura neutral

Al sentirnos inadaptados, no nos queda más remedio que aprender a disfrutar de la soledad. Así es como conectamos con la fuerza suficiente para rebelarnos contra las directrices que nos han sido inculcadas desde afuera, cuestionando los fundamentos sobre los que hemos construido nuestra existencia. Poco a poco vamos creando nuestra propia identidad. Pero al sentirnos inseguros, nos mostramos arrogantes, reaccionando contra los que piensan de manera diferente a nosotros. Esta es la razón por la que en el estadio de león solemos luchar y entrar en conflicto con los demás y con el mundo. De hecho, solemos estar en contra del sistema. Queremos un cambio y creemos que este radica en cambiar la realidad externa. Si bien somos libres de la sociedad, todavía no hemos descubierto de qué manera encauzar esta libertad de forma útil y creativa.

De la misma forma que un péndulo se mece de un extremo a otro hasta quedar estático en un punto de equilibrio, los seres humanos también encontramos nuestro centro al alcanzar el estadio evolutivo conocido con el nombre de «niño». Al ser verdaderamente libres de nuestro condicionamiento, ya no seguimos las pautas marcadas por la mayoría, ni tampoco nos rebelamos contra ellas. De ahí que no seamos ni *pro* ni *anti*sistema. Más bien adoptamos una postura *neutral*. En paralelo y como consecuencia de este proceso evolutivo, agradecemos la adversidad que ha formado parte de nuestra vida. Valoramos con más intensidad lo que tenemos. Y disfrutamos plenamente de nuestra existencia tal y como es. Así es como descubrimos que no hay mayor alegría que la que nos proporciona el simple hecho de estar vivos.

En el estadio de niño practicamos la atención plena, que nos permite vivir de forma consciente, responsable y constructiva. Y nos mostramos humildes, pacíficos y asertivos al interactuar con los demás. Al no estar apegados a nuestra identidad, respetamos todos los puntos de vista y aprendemos de cada persona y de cada circunstancia con la que nos encontramos. Al conocer nuestra verdadera esencia, somos felices por nosotros mismos. Confiamos plenamente en la vida y procuramos dar lo mejor de nosotros en cada momento. Al sentirnos conectados y unidos a la realidad, verificamos que el único cambio necesario es el nuestro, el cual se realiza por medio de la comprensión y la aceptación. Y que al cambiar nosotros, empieza a cambiar todo lo demás.

> Solo una cosa es más dolorosa que aprender la experiencia:
> no aprender de la experiencia.
>
> Laurence Johnston Peter

Con respecto a la creación de nuestro sistema de creencias y, por ende, de nuestra identidad, los seres humanos atravesamos tres etapas. La primera se conoce como el estadio de «inocencia», que se produce desde que nacemos hasta los diez años, aproximadamente. Cabe señalar que durante nuestra infancia carecemos de pensamiento crítico, endiosamos a los adultos y tendemos a creernos indiscriminadamente todos los mensajes procedentes de la sociedad en general y de nuestros padres en particular. No importa quién nos lo diga y da igual qué nos digan. Nos lo creemos porque somos inocentes: no tenemos ninguna referencia con la que comparar o cuestionar la información que nos llega del exterior.

Por medio de estas *creencias* de segunda mano vamos *creando* nuestro falso concepto de identidad. Al ser niños indefensos, no podemos protegernos de la poderosa influencia que ejercen los demás en nosotros. Esta es la razón por la que solemos cargar en nuestra *mochila* emocional los miedos, las carencias y las frustraciones de la generación que nos precede. En el estadio de inocencia somos esponjas que lo absorbemos *todo*, sin preguntarnos si *eso* que absorbemos es realmente *lo* que nos conviene absorber.

La segunda etapa en el proceso de construcción de nuestra identidad se denomina «ignorancia», la cual suele comenzar durante la pubertad. Una vez ya se ha conformado nuestro sistema de creencias, empezamos a pensar y a comportarnos en base a la programación con la que hemos sido condicionados. Y dado que este condicionamiento está compuesto por creencias limitantes y erróneas, nos sentimos profundamente inseguros, acomplejados y confundidos, lo que ocasiona nuestra primera gran crisis existencial. Además, en la medida que vivimos y funcionamos a partir de estas creencias ajenas, la programación inculcada se va consolidando en nuestro modelo mental, el cual se proyecta físicamente por medio de nuestra personalidad.

La reprogramación mental

Al repetirnos una y otra vez determinados mensajes e ideas escuchados en nuestra infancia, finalmente terminamos convirtiéndonos en *eso* que *creemos* ser. Y lo cierto es que muchos nos quedamos anclados en esta fase de ignorancia el resto de nuestra vida. Dado que cambiar las *creencias* con las que nos sentimos *identificados* implica remover pilares muy profundos de nuestra psique, algunos no volvemos a modificar la información interiorizada a los dieciocho años.

Si bien todos pasamos por la inocencia —ausencia de información— y la ignorancia —información errónea y limitante—, la tercera fase es opcional. Se la conoce como «sabiduría». Y consiste en manejar información verificada a través de nuestra experiencia. Esta etapa comienza el día que nos comprometemos con mirarnos en el espejo para cuestionar las creencias con las que de pequeños fuimos *educados*. Así es como empezamos a ir más allá de nuestro falso concepto de identidad.

En paralelo a este proceso de autoconocimiento, comienza la denominada «reprogramación mental». Y esta consiste en modificar todas las creencias limitadoras que hemos absorbido de forma inconsciente por creencias potenciadoras, alineadas con la información de sabiduría que hemos corroborado de forma consciente. Así, en la medida que vamos desenmascarando aquellas creencias que nos comportan malestar —como que nuestra felicidad depende de algo externo— las vamos sustituyendo por nueva información verificada, como que nuestra felicidad solo depende de nosotros mismos.

En este punto de nuestro camino evolutivo adquiere una enorme importancia confirmar la veracidad o falsedad de los dogmas que nos han sido impuestos. Más que nada porque la mentira es el alimento de nuestro instinto de supervivencia emocional: el ego. De ahí que haga engordar nuestro egocentrismo y, por ende, nuestro nivel de malestar y sufrimiento. En cambio, la verdad es lo que nutre nuestra auténtica esencia. Es decir, todos aquellos pensamientos que dejan paz y armonía en nuestra mente; y todos aquellos actos que dejan paz y armonía en nuestro corazón.

> Lo que te mete en problemas no es lo que ignoras,
> sino lo que das por cierto pero no lo es.
>
> Mark Twain

38. Inconsciencia, semiconsciencia y consciencia

Todos los seres humanos tenemos conciencia, pero muy pocos vivimos desde la consciencia. Lo curioso es que solemos creer que estas dos palabras son sinónimos. Pero nada más lejos de la realidad. La conciencia es esa *vocecilla* que cuando operamos desde la *moral* nos dice lo que está bien y lo que está mal. Y que cuando lo hacemos desde la *ética* nos inspira a dar lo mejor de nosotros mismos. Así, vendría a ser como el Pepito Grillo que habita en nuestra cabeza. De hecho, la conciencia es el *archivo* donde se almacena la sabiduría que vamos adquiriendo a lo largo de nuestra existencia. Es decir, la información que nos posibilita obtener resultados satisfactorios de forma voluntaria.

En cambio, la consciencia —con «s»— es lo que nos permite darnos cuenta de que tenemos la capacidad de elegir cómo afrontar nuestras circunstancias. A diferencia de los animales —que en general se mueven por puro instinto de supervivencia—, los seres humanos podemos escoger nuestra manera de pensar y de comportarnos en cada momento. Sin embargo, esta facultad no viene de serie. Se trata de una potencialidad inherente a nuestra naturaleza humana. La consciencia es como un músculo que necesitamos entrenar y fortalecer por medio de la atención plena.

Cuanto mayor es nuestra consciencia, mayor es la conexión con nuestra verdadera esencia (el ser) y más profundo y duradero es nuestro bienestar. En cambio, cuanto mayor es nuestra inconsciencia, mayor es la conexión con nuestro instinto de supervivencia emocional (el ego) y más profundo y duradero es nuestro malestar. Por todo ello, la consciencia es sinónimo de comprensión, discernimiento, sabiduría, objetividad, neutralidad, plenitud y amor mientras que la inconsciencia es equivalente a incomprensión, ofuscación, ignorancia, subjetividad, egocentrismo, vacío y conflicto.

La mayoría de nosotros vivimos durante una gran parte de nuestra vida en el primer estadio de consciencia: la «inconsciencia». Del mismo modo que cuando estamos dormidos no diferenciamos los sueños de la realidad, cuando vivimos inconscientemente creemos que las interpretaciones que hacemos de la realidad son, en sí mismas, la propia realidad. De hecho, vivir *despiertos* implica darnos cuenta de esta sutil diferencia.

Y dado que en este estadio de inconsciencia no tenemos ningún control sobre nuestros pensamientos, no somos dueños ni responsables de nuestra actitud ni de nuestro comportamiento. Estos operan de forma reactiva, impulsiva y automática. Y como consecuencia, enseguida adoptamos el rol de víctimas, creyendo que los demás son culpables no solo de lo que nos pasa, sino también de los *chupitos* de *cianuro* que nosotros mismos creamos con nuestra manera de pensar y de comportarnos.

Además, debido a nuestro malestar no paramos de crear problemas y conflictos con los demás, llegando incluso a creer que el mundo entero está en nuestra contra. En este estadio de inconsciencia necesitamos evadirnos y narcotizarnos para evitar el contacto con nuestro vacío y nuestro dolor, los cuales son la consecuencia de vivir desconectados de nuestra verdadera esencia. Esta es la razón por la que con el tiempo muchos concluyen que «la vida no tiene ningún sentido».

Co-creadores y corresponsables

En la medida en que obtenemos información veraz, cultivamos la energía vital y entrenamos los músculos de la responsabilidad, la aceptación y el servicio, poco a poco vamos creciendo en comprensión y, en consecuencia, elevando nuestro nivel de consciencia. Así es como ascendemos hasta el segundo estadio, denominado «semiconsciencia». Y este consiste en empezar a ser conscientes de nuestra inconsciencia. Es decir, a darnos cuenta de que somos co-creadores y corresponsables no solo de nuestras circunstancias, sino también de nuestro estado emocional.

Aunque seguimos reaccionando impulsivamente, reconocemos que cambiar esta actitud tan nociva e ineficiente solo depende de nosotros. En este punto del camino es cuando corroboramos que somos la causa de nuestra perturbación y nuestro sufrimiento. Y dado que una vez se despierta nuestra consciencia ya no hay marcha atrás, en ocasiones solemos decir, con cierta ironía: «¡Qué felices son los ignorantes!». Principalmente porque nos damos cuenta de que estar verdaderamente en paz con nosotros mismos es un aprendizaje que requiere sabiduría, energía y entrenamiento.

En el estadio de semiconsciencia seguimos pensando en el pasado y en el futuro, pero intentamos centrarnos en el momento presente. Estamos aprendiendo a conquistar nuestra mente. Aunque continuamos adoptando el papel de víctima, en ocasiones dejamos de culpar a los demás por lo que nos estamos haciendo a nosotros mismos. Y con la finalidad de asumir las riendas de nuestra vida emocional, comenzamos a interesarnos por el autoconocimiento. Debido a nuestro malestar, seguimos orientándonos a la búsqueda de placer y satisfacción en el corto plazo. La diferencia es que ahora sabemos para qué lo hacemos. A nivel existencial, creemos que «la vida tiene el sentido que le queramos dar».

Con la práctica y el entrenamiento, nos adentramos en el siguiente estadio: la «consciencia». Al comprender cómo funciona nuestro modelo mental y de qué manera podemos gestionar nuestros pensamientos, empezamos a ser dueños de nuestra actitud y de nuestro comportamiento. De esta manera, trascendemos la tiranía de nuestro egocentrismo, empezando a interpretar lo que nos sucede de forma más objetiva y neutra. En paralelo, utilizamos nuestra mente de forma útil y constructiva. Esta nueva competencia emocional nos permite cultivar el arte de vivir aquí y ahora. Y al estar presentes, empezamos a ver e interpretar las situaciones adversas no como problemas, sino como oportunidades de aprendizaje.

En este estadio de consciencia ya no sentimos la necesidad de escapar de nosotros mismos por medio de la narcotización y el entretenimiento. De hecho, estamos tan conectados con nuestra verdadera esencia, que nos sentimos unidos a todo lo que nos rodea. Es entonces cuando sabemos que la vida tiene sentido. Principalmente porque la hemos convertido en un continuo aprendizaje para llegar a ser felices, aceptando nuestras circunstancias tal y como son y dando lo mejor de nosotros mismos frente a cada persona y situación.

Al ir entrenando el músculo de la consciencia, empezamos a seguir los dictados de nuestra conciencia. Guiados por la comprensión y la sabiduría, tomamos la actitud más sabia y la conducta más amorosa en cada momento. Y como resultado, experimentamos un bienestar cada vez más profundo y duradero, sin duda alguna, el rasgo más característico de nuestra verdadera naturaleza. Esta es la razón por la que vivir conscientemente suele generar una inmensa gratitud por el simple hecho de estar vivos. Es entonces cuando sentimos que somos *uno* con la vida.

> Lo peor y más peligroso del que duerme es creer
> que está despierto y confundir sus sueños con la realidad.

> ANTHONY DE MELLO

39. PIRÁMIDE DE NECESIDADES Y MOTIVACIONES[50]

Los seres humanos compartimos una serie de necesidades, las cuales dan lugar a ciertas motivaciones. La principal es nuestra necesidad de «supervivencia física», que incluye motivaciones fisiológicas, de protección y de seguridad. Necesitamos respirar, beber agua potable y alimentarnos, así como eliminar los desechos que expulsa nuestro cuerpo. En paralelo, precisamos dormir, descansar, limpiarnos y guarecernos del frío, manteniendo así una cierta higiene y temperatura corporal.

Para poder sobrevivir, también requerimos estar a salvo de cualquier peligro. Es aquí donde el miedo se convierte en el guardián de nuestra propia autoconservación. En caso de ataque, nos prepara para huir o para defendernos. Y al asomarnos a un abismo, nos genera una molesta sensación de vértigo, que nos previene de cualquier caída. Así es como nos sentimos protegidos de potenciales amenazas externas. Y dado que nuestra existencia se construye sobre un sistema monetario, también necesitamos gozar de seguridad económica, ganando dinero de forma regular para poder sufragar nuestros costes de vida. Esta motivación es la responsable de que muchos tengamos (o queramos tener) un empleo. A poder ser, de carácter indefinido.

A nivel emocional, también necesitamos mantener «relaciones sociales» con otros seres humanos. En este punto, nuestra motivación consiste en compartir tiempo y espacio con personas cuyas creencias, valores, prioridades y aspiraciones sean similares a las nuestras. Y a poder ser, que piensen exactamente igual que nosotros. Por eso solemos agruparnos en familias, cultivar vínculos de amistad e incluso formar parte de organizaciones y asociaciones sociales, profesionales, políticas, religiosas, culturales, deportivas y recreativas. En el fondo, lo que queremos es pertenecer a un colectivo con el que sentirnos identificados.

En este sentido, también buscamos ser queridos y aceptados. Lo que está en juego es la «valoración» que los demás tienen de nosotros. Y es precisamente esta necesidad la que nos mueve a diferenciarnos emocionalmente del resto de miembros que componen nuestro grupo social, construyendo nuestra propia personalidad. Y puesto que normalmente asociamos lo que *somos* con lo que *tenemos*, y lo que *tenemos* con lo que *valemos*, en general basamos nuestra autoestima en aspectos externos como el reconocimiento, el estatus, el poder, la riqueza material, el éxito o la belleza.

Todas estas necesidades —de supervivencia física, de relaciones sociales y de valoración— gozan de protagonismo en nuestra existencia cuando nos guiamos por nuestro instinto de conservación físico y emocional: el ego. No en vano, la función del egocentrismo es garantizar nuestra preservación como seres humanos. De ahí que nos lleve a fijar el foco de atención en cuestiones externas, orientándonos a saciar nuestro propio interés. Eso sí, en la medida que vamos cubriendo y trascendiendo estas necesidades se produce un gran punto de inflexión. Y este vendría a ser como un «clic evolutivo» que provoca la aparición de nuevas necesidades y motivaciones.

De pronto surge la necesidad de «autoconocimiento». Principalmente porque intuimos que más allá de nuestro falso concepto de identidad —la máscara *creada* con *creencias* de segunda mano— podemos reconectar con nuestra verdadera esencia: el ser. Y esta intuición nos lleva a buscar una nueva forma de ver y de comprender la vida, de manera que podamos emplear medios diferentes que nos proporcionen nuevos resultados a nivel personal, familiar y profesional.

Abrazar el cambio y la transformación

En base a esta nueva necesidad, nuestra mayor motivación consiste en orientarnos al cambio y la transformación. De ahí que empecemos a centrar la mirada en nuestro interior. Por medio de nuestro desarrollo personal, comprendemos que nuestra autoestima no tiene nada que ver con los aspectos externos, sino con la percepción y la valoración que tenemos de nosotros mismos. Al respetarnos y amarnos por el ser humano que somos, comenzamos a cultivar una serie de fortalezas como la humildad, la confianza y la libertad. Y en definitiva, nos hacemos verdaderamente responsables de nosotros mismos, empezando a seguir nuestro propio camino en la vida.

El signo más evidente de que vivimos desde nuestra verdadera esencia es que nos sentimos felices por nosotros mismos. Ya no dependemos de lo que piensen los demás ni perdemos el tiempo alimentando nuestros miedos e inseguridades. Confiamos en la vida. Y esta confianza es la semilla que da como fruto la necesidad de encontrar «propósito y sentido» a nuestra existencia. La pregunta que empieza a ocupar nuestra mente y nuestro corazón es «¿para qué estamos aquí?».

Con la finalidad de encontrar nuestro lugar en el mundo, iniciamos una búsqueda filosófica que nos abre las puertas a lo nuevo y lo desconocido. De pronto sentimos la necesidad de entrenar el músculo del altruismo, encaminando nuestra existencia hacia el bien común. Así es como surge la motivación de trascendencia. Ya no pensamos en términos de empleo o de carrera profesional. Lo que buscamos es alinearnos con una misión que vaya más allá de nosotros mismos.

Al tomar decisiones desde la confianza, nos permitimos escuchar nuestra propia voz interior. Esencialmente porque *ella* ya sabe quiénes estamos destinados a ser. Una vez encontramos la dirección que decidimos darle a nuestra vida, nace la necesidad de «autorrealización». Al habernos resuelto emocionalmente, ya no nos movemos desde la carencia, sino desde la abundancia. Y esta nos inspira a entrar en la vida de los demás con vocación de servicio para aportar una noble contribución a la sociedad.

Nuestra motivación es ser útiles, aportando valor añadido en nuestra red de relaciones personales, familiares y profesionales. Así es como comprendemos que *nosotros* no somos lo más importante de nuestra vida, sino lo que ocurre *a través nuestro*. De hecho, nuestro objetivo no se centra en ganar dinero, sino en crear riqueza. Y en la medida en que desarrollamos todo nuestro potencial y creatividad, nuestra existencia comienza a tener un impacto cada vez más positivo y constructivo para quienes nos rodean. Es entonces cuando amamos lo que hacemos y hacemos lo que amamos. De ahí que nos sintamos profundamente agradecidos y comprometidos con nuestro propósito.

En este estadio evolutivo surge la última de las necesidades humanas: la de «conexión». Es decir, sentirnos unidos y conectados a todo lo que forma parte de la realidad. Ya no solo aceptamos y respetamos al resto de seres humanos tal y como son, sino que extendemos este respeto a la naturaleza y el resto de seres vivos que lo componen. Si bien pensamos de forma global, actuamos localmente. Por medio de esta conciencia ecológica, hacemos lo posible para que nuestro paso por la vida deje tras de sí una huella útil, amorosa y sostenible.

> No hay carga más pesada que un
> potencial que no se ha cumplido.
>
> CHARLES SCHULZ

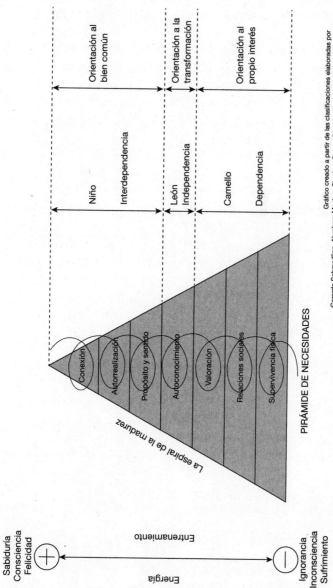

PIRÁMIDE DE NECESIDADES

La espiral de la madurez

Conexión
Autorrealización
Propósito y sentido
Autoconocimiento
Valoración
Relaciones sociales
Supervivencia física

Orientación al bien común
Orientación a la transformación
Orientación al propio interés

Niño
Interdependencia

León
Independencia

Camello
Dependencia

Gráfico creado a partir de las clasificaciones elaboradas por
Gerardo Schmedling, Abraham Maslow, Stephen Covey, Friedrich Nietzsche y Richard Barrett

Sabiduría
Consciencia
Felicidad

Ignorancia
Inconsciencia
Sufrimiento

Entrenamiento

Información
Energía

⊕ ⟷ ⊖

Tercera parte

Orientación al bien común

ORIENTACIÓN AL PROPIO INTERÉS *Viejo paradigma*	ORIENTACIÓN A LA TRANSFORMACIÓN *Cambio de paradigma*	ORIENTACIÓN AL BIEN COMÚN *Nuevo paradigma*
Condicionamiento		Educación
Falso concepto de identidad (ego)		Verdadera esencia (ser)
Ignorancia e inconsciencia		Sabiduría y consciencia
Esclavitud mental		Libertad de pensamiento
Egocentrismo		Altruismo
Victimismo y reactividad		Responsabilidad y proactividad
Desempoderamiento		Empoderamiento
Dependencia y borreguismo		Independencia y autoliderazgo
Autoengaño e hipocresía	*Crisis existencial*	Honestidad y autenticidad
Corrupción e infantilismo		Integridad y madurez
Miedo y paranoia		Confianza y sensatez
Evasión y adicción		Presencia y conexión
Escasez y queja		Abundancia y agradecimiento
Gula y codicia		Sobriedad y generosidad
División y competitividad		Unidad y cooperación
Lucha y conflicto		Amor y aceptación
Vacío y sufrimiento		Plenitud y felicidad
Anestesia y enfermedad		Curación y salud
Materialismo (bien-tener)		Posmaterialismo (bien-estar)
Existencia sin sentido		Existencia con sentido

X. El amanecer de un nuevo paradigma

Este es un homenaje para los locos. Los inadaptados. Los rebeldes. Los alborotadores. Los que no encajan. Los que ven las cosas de forma diferente. Para los que no les gustan las reglas y no respetan el *statu quo*. Los puedes citar. No estar de acuerdo con ellos. Glorificarlos o insultarlos. Pero lo único que no puedes hacer es ignorarlos. Porque ellos cambian las cosas. Impulsan a la humanidad hacia delante. Mientras algunos los ven como locos, nosotros vemos a genios. Porque las personas que están tan locas como para pensar que pueden cambiar el mundo son las que lo hacen.

STEVE JOBS

Había una vez dos amigos que patinaban sobre una laguna helada, situada a las afueras de un pueblo. Aunque tan solo tenían once años, bailaban sobre el hielo con elegancia, ejecutando arriesgados saltos y acrobacias. De pronto se abrió una grieta en el suelo y en cuestión de segundos uno de los dos chavales se sumergió bajo la gruesa capa de hielo. La corriente lo succionó, desplazándolo a varios metros de distancia del agujero por el que se había caído. Estaba completamente atrapado.

El otro niño —viendo que su amigo se ahogaba bajo el hielo— cogió una piedra y empezó a golpear con todas sus fuerzas hasta que logró romper la helada capa. Agarró a su amigo por la espalda y lo subió a la superficie. El cuerpo del chaval estaba entumecido y no respiraba. Sin pensarlo dos veces, comenzó a practicarle el boca a boca, al tiempo que trataba de reanimarlo, bombeando su cora-

zón con las dos manos. Finalmente, el chico empezó a toser, escupiendo un chorro de agua por la boca. Su amigo le acababa de salvar la vida.

Cuando llegaron las autoridades del pueblo y vieron lo que había sucedido, se preguntaron cómo un niño tan pequeño había podido realizar semejante hazaña. Tanto es así, que el jefe de bomberos afirmó: «No me creo que haya podido romper la gruesa capa de hielo con esa piedra y esas manos tan pequeñas». El capitán de la policía, totalmente de acuerdo, añadió: «Además, el agua está tan fría que hace falta ser un gran experto para reanimar a alguien en estas condiciones». Por todo ello, el alcalde sentenció: «Definitivamente, aquí hay algo que no cuadra. Lo que dice el chaval es del todo imposible».

Mientras las autoridades seguían discutiendo y debatiendo, intervino el sabio del pueblo, que vivía muy cerca del lugar de los hechos. «Señores, yo sé exactamente lo que ha sucedido», dijo al cabo. «He visto el incidente desde mi casa. El niño dice la verdad. Ha roto el hielo con esa piedra y luego ha reanimado a su amigo, salvándole la vida.» Y el alcalde, intrigado, le preguntó: «Y bien, ¿cómo diablos lo ha conseguido?». El sabio lo miró fijamente a los ojos y con voz serena le contestó: «Muy sencillo: lo ha conseguido porque no había nadie a su alrededor para decirle que no podía hacerlo».[51]

40. CAMBIO DE PARADIGMA

En la antigüedad, concretamente a partir del siglo VI a. C., el paradigma científico estaba protagonizado por «la teoría geocéntrica». Es decir, por la *creencia* de que «el Sol y el resto de planetas giraban alrededor de la Tierra». Y, en consecuencia, la Tierra era el centro del universo. Nadie cuestionaba ni ponía en duda esta forma de pensar. De ahí que esta afirmación fuera pasando de generación en generación. Tanto es así, que todas las hipótesis acerca del universo se desarrollaban a partir de estos supuestos. Con el tiempo, los más eminentes pensadores y científicos —liderados por los filósofos Platón y Aristóteles— llegaron al convencimiento de que se trataba de una *verdad* inmutable.

Años más tarde, el astrónomo y matemático griego, Aristarco de Samos (310 a. C.-230 a. C.) se atrevió a cuestionar el paradigma científico de la época, formulando «la teoría heliocéntrica». Este sabio afirmaba que «el Sol era el centro del universo» y que «la Tierra y el resto de planetas giraban a su alrededor». Por aquel entonces muy pocos lo creyeron. La mayoría de sus colegas se burlaron de su hipótesis, que fue severamente criticada. Otros se opusieron con cierta arrogancia y vehemencia. No en vano, dar crédito a esta nueva teoría suponía asumir que ellos estaban equivocados.

Con el paso de los siglos, el nivel de comprensión fue creciendo. Y comenzaron a aparecer nuevos científicos y pensadores, con nuevas maneras de mirar e interpretar el universo. Entre ellos, destacó el matemático y astrónomo polaco, Nicolás Copérnico (1473-1543), quien retomó el relevo de Aristarco de Samos, asegurando que «la Tierra giraba sobre sí misma una vez al día, y que una vez al año daba una vuelta completa alrededor del Sol». Dado que Copérnico contaba con elaborados cálculos matemáticos que sustentaban su hipótesis, en esta ocasión la teoría heliocéntrica fue acogida con menos escepticismo. De hecho, sus investigaciones terminaron por marcar un punto de inflexión en la manera de concebir el universo.

Casi 18 siglos después

Cien años más tarde y gracias a los avances tecnológicos, las hipótesis de Copérnico fueron demostradas científicamente por el astrónomo y físico italiano, Galileo Galilei (1564-1642). Con la ayuda del telescopio —instrumento que él mismo inventó— se desmontó la falsedad inherente a la teoría geocéntrica, consagrando así la veracidad de la teoría heliocéntrica, descrita casi dieciocho siglos atrás por Aristarco de Samos. Así fue como se produjo uno de los más importantes «cambios de paradigma» científicos que ha experimentado la humanidad.

Del mismo modo que sucedió con la teoría geocéntrica, la psicología del egocentrismo y la filosofía del materialismo están condenadas a desaparecer. Más que nada porque promueven una manera de ver, de comprender y de actuar en el mundo ineficiente e insostenible. Esta es la razón por la que cada vez más seres humanos estamos orientando nuestra existencia a la transformación, desarrollando una nueva manera de ver la vida.

Este cambio de paradigma está provocando que dejemos de tomar decisiones y de comportarnos guiados por el ego para empezar a seguir los dictados de nuestro verdadero ser. Y como consecuencia, que desistamos de orientar nuestra existencia a saciar nuestro propio interés para comenzar a dirigirla hacia el bien común. Se trata de un proceso imparable e inevitable.

Este nuevo paradigma emergente se sustenta sobre los pilares de la comprensión y la sabiduría. En esencia, consiste en romper con los viejos modos y patrones de pensamiento. Al cuestionar la manera en la que hemos sido adoctrinados, ya no nos motiva seguir transitando la ancha avenida de la *normalidad*. Principalmente porque nos causa insatisfacción. Ahora lo que nos mueve e inspira es caminar por una ruta más natural, en coherencia con el ser humano que hemos descubierto que somos. Así es como —guiados por nuestra intuición y nuestro sentido común— empezamos a construir una existencia plena, útil y con sentido.

Toda verdad pasa por tres etapas: primero es ridiculizada; luego genera oposición violenta y finalmente es aceptada como obvia.

Arthur Schopenhauer

41. ¿Locos o visionarios?

Somos una generación de transición que actualmente está viviendo una crisis sistémica, la cual hace de puente entre dos eras. En este contexto marcado por la necesidad de cambio de paradigma, la mayoría va a hacer todo lo posible por resistirse y preservar su vieja forma de pensar. Por otra parte, existe una serie de individuos a los que les sucede exactamente lo contrario: apasionados por el cambio y la transformación, cuentan con una mentalidad demasiado futurista.

Este tipo de personas con visión saben detectar tendencias de futuro que la mayoría no verá hasta que estas se hagan realidad. En muchas ocasiones, estos genios son marginados e inadaptados de su tiempo y suelen ser percibidos como locos, charlatanes y excéntricos. De hecho, a algunos les falta un tornillo de verdad. Sea como fuere, este colectivo de innovadores está compuesto por personajes tan ilustres como Hipatia de Alejandría, Leonardo da Vinci, Nostradamus, Louis Pasteur, Julio Verne, Nicolás Tesla, Aldous Huxley, George Orwell, Arthur C. Clarke, Frida Kahlo, Ray Bradbury y Steve Jobs, entre otros.

Si bien cada uno de ellos se atrevió a honrar su singularidad, todos ellos comparten unas características. La primera es que «desafían el *statu quo*». Al investigar la historia que hay detrás de cada visionario, descubrimos que todos ellos padecen en algún momento una profunda crisis, que les lleva a romper con la ancha avenida por la que transita el resto de sus coetáneos, explorando sendas nuevas y alternativas. Para lograrlo, empiezan a cuestionar el núcleo de su identidad, cuestionando a su vez el sistema de creencias con el que fueron condicionados por su entorno social y familiar. Así es como se convierten en una amenaza para el orden social establecido.

Otro rasgo es que son «inadaptados y excéntricos». No encajan con el patrón que impera en la sociedad. De ahí que tiendan a rechazar el modo de vida que les propone su tiempo. Y al hacerlo, atraviesan una etapa en la que se sienten excluidos y marginados. La soledad y la incomprensión son el precio que pagan al principio por atreverse a escuchar a su intuición y seguir su propio camino. En ocasiones, para reafirmarse ante los demás, suelen adoptar actitudes bizarras y conductas excéntricas, provocando que se los tache de «raros» y «locos».

Amantes de la utopía

En paralelo, suelen ser «rebeldes e inconformistas». Al ganar en confianza y seguridad en sí mismos, se sienten con más fuerza y determinación para rebelarse frente a las autoridades y los sinsentidos de su época. No tienen demasiado respeto por la tradición. Y a todos ellos les causa cierto deleite transgredir las normas, quebrantar las reglas y romper los límites. No se resignan a vivir como se vive *hoy*; sino que viven como se vivirá *mañana*.

A su vez, son «libres de pensamiento». Es decir, personas que han construido un pensamiento propio e independiente, forjado por medio de experiencias transformadoras. Tienen una mente abierta, libre de moral y de prejuicios. Suelen llevar un estilo de vida muy poco convencional, el cual suele causar mucha controversia en su entorno.

Otro rasgo destacado de estos visionarios es que son «idealistas y soñadores». Su pensamiento está completamente adelantado a su tiempo. Tanto es así, que lo que un visionario piensa hoy es lo que pensará la humanidad dentro de 50 años. Sin embargo, su exacerbado progresismo les lleva a ser personas demasiado orientadas hacia el futuro, con tendencia a abrazar quimeras y utopías.

Si bien cualquier utopía es por definición inalcanzable, para estos visionarios representa la dirección a la que quieren dirigir a la humanidad, sin importar cuán lejos consigan llegar. Lo importante es que les motiva para avanzar. Y lo cierto es que cada paso que dan hacia delante les llena de energía, entusiasmo, ilusión y alegría. Poder seguir caminando hacia esa dirección es su verdadera meta.

En este sentido, también son «creativos e inventivos». Sin duda alguna, la creatividad es su seña de identidad. Son inventores natos, cada uno en su campo. Cuentan con mucha imaginación y destacan por su originalidad. Muchas de sus ideas acaban dando lugar a innovaciones que significan un punto de disrupción con las propuestas actuales, que de pronto quedan viejas y obsoletas.

Finalmente, todos ellos son «revolucionarios orientados al bien común». Tremendamente humanistas, los visionarios terminan por convertirse en grandes reformadores, cuya visión inspira un cambio de paradigma en la sociedad. En el momento en que la mayoría verifica la veracidad y validez de sus visiones, empiezan a destruirse y a transformarse las estructuras establecidas, generando una nueva realidad. En esencia, actúan como buques rompehielos, abriendo caminos inexplorados que con el tiempo traen el progreso de toda la humanidad. Y lo cierto es que muchos de ellos llevan años, décadas e incluso siglos prediciendo la llegada del nuevo paradigma emergente.

> Todo lo que una persona puede imaginar,
> otros podrán hacerlo realidad.
>
> JULIO VERNE

42. LA PSICOLOGÍA DEL ALTRUISMO

El egoísmo está muy demonizado por la sociedad. Que nos tachen de «egoístas» es una de las peores etiquetas que nos pueden poner. En general lo asociamos con ser «mezquino», «ruin» e incluso «mala persona». Curiosamente, es difícil —por no decir imposible— encontrar a un ser humano que no sea egoísta.

De hecho, cada vez que señalamos el egoísmo de otra persona, lo hacemos porque se ha comportado de manera que no nos beneficia o directamente nos perjudica. Así, tildamos de «egoístas» a todos aquellos que piensan más en sus necesidades que en las nuestras.

Lo cierto es que ser egoístas no es bueno ni malo; es necesario. Necesitamos pensar en nosotros mismos para sobrevivir física y emocionalmente. Por más que nos cueste de reconocer, todo lo que hacemos en la vida lo hacemos por nosotros mismos. ¿Por qué nos emparejamos? ¿Por qué decidimos ser padres? ¿Por qué cultivamos relaciones de amistad? ¿Por qué trabajamos? ¿Por qué ayudamos a los demás?

Al analizar en profundidad las motivaciones que residen detrás de nuestras decisiones y conductas, siempre encontramos una ganancia (o beneficio), por pequeño que sea, que justifica que las hayamos llevado a cabo. Ahora bien, en función de cuál sea nuestro nivel de consciencia, nuestro grado de comprensión y nuestro estado de ánimo, este egoísmo puede vivirse de formas muy diferentes. Más allá de vivirlo de forma egocéntrica, también puede manifestarse de manera consciente y altruista.

Cabe recordar que, desde el mismo día de nuestro nacimiento, cada uno de nosotros hemos ido perdiendo el contacto con nuestra «esencia», también conocida como «ser» o «yo verdadero». La esencia es el *lugar* en el que residen la felicidad, la paz interior y el amor, tres cualidades de nuestra auténtica naturaleza, las cuales no tienen ninguna causa externa; tan solo la conexión profunda con lo que verdaderamente somos. En la esencia también se encuentra nuestra vocación, nuestro talento y, en definitiva, el inmenso potencial que todos podemos desplegar al servicio de una vida útil, creativa y con sentido.

Eso sí, para reconectar con nuestro bienestar perdido, necesitamos cultivar el denominado «egoísmo consciente». Es decir, aquel que nos permite resolver nuestros conflictos internos por medio del autoconocimiento. Para llevar un estilo de vida saludable es importante dedicarnos algo de tiempo cada día para darnos lo que necesitamos y preservar así nuestro equilibrio emocional. Y es que ¿cómo podemos estar bien con otras personas si no sabemos estar a gusto con nosotros mismos?

En este punto es cuando sentimos la necesidad de decir «no» a los demás. Y es que a menos que aprendamos a ser felices por nosotros mismos, difícilmente podremos ser cómplices de la felicidad de la gente que forma parte de nuestro entorno familiar, social y laboral. Para ofrecer y dar, primero hemos de tener. Así, por medio de este egoísmo consciente sanamos nuestra autoestima y fortalecemos la confianza en nosotros mismos.

Además, al habernos resuelto emocionalmente ya no sentimos el impulso de saciar constantemente nuestros deseos ni nuestras expectativas. Así es como dejamos de orientar nuestra existencia al propio interés. Eso sí, sin perder nunca de vista la necesidad de llevar un estilo de vida equilibrado, aprendiendo a descansar y a recuperar la energía que invertimos al servicio de otras personas.

El egoísmo altruista

El egoísmo consciente es el puente que nos permite evolucionar del egoísmo egocéntrico al «egoísmo altruista». Este deviene de forma natural cuando reconectamos con el ser que verdaderamente somos. Entonces disponemos de todo lo que necesitamos para sentirnos completos, llenos y plenos por nosotros mismos. Sabemos que estamos en contacto con nuestra esencia cuando independientemente de cómo sean nuestras circunstancias externas, a nivel interno sentimos que todo está bien y que no nos falta de nada.

También estamos en contacto con nuestra esencia cuando somos capaces de elegir nuestros pensamientos, actitudes y comportamientos, cosechando resultados emocionales satisfactorios de forma voluntaria. Cuando dejamos de perturbarnos a nosotros mismos, haciendo interpretaciones de la realidad mucho más sabias, neutras y objetivas. Cuando conseguimos ver el aprendizaje de todo cuanto nos sucede. Cuando experimentamos una profunda alegría y gratitud por estar vivos. Y por supuesto, cuando confiamos en nosotros mismos y en la vida.

Gracias a nuestra habilidad para aprender y evolucionar, los seres humanos tenemos la capacidad de poner nuestro propio interés al servicio del bien común de la sociedad. Es decir, hacer un *bien* al mundo y que, como resultado, eso nos haga bien, tanto emocional como económicamente. Este egoísmo altruista consiste en hacer algo que nos gusta hacer y que *además* reporta beneficios para otras personas.

Y es que el altruismo no es un acto moral. No lo hacemos porque *tengamos que* hacerlo. Y no tiene nada que ver con la caridad. Tampoco lo hacemos para ser *buenas* personas. *Somos* altruistas simplemente porque hacer el bien nos hace sentir bien. Nos genera *bien*-estar. Dado que lo que le hacemos a los demás nos lo hacemos a nosotros mismos primero, la ética surge de forma natural cada vez que interactuamos con otras personas. Por todo ello, en vez de demonizar el egoísmo, nuestro reto consiste en hacer un adecuado uso de él. Saber diferenciar entre estos tres tipos de egoísmo (egocéntrico, consciente y altruista) es clave para disfrutar más plenamente de nuestras relaciones.

A lo largo de los próximos años y décadas, la psicología del altruismo va a consolidarse como nuestra actitud dominante frente a la vida. Principalmente porque el altruismo es la forma más eficiente y sostenible de vivir y disfrutar de nuestro egoísmo. El hecho de aportar *algo* significativo a otros seres humanos nos produce una profunda sensación de satisfacción y agradecimiento. Nos hace sentirnos inmensamente ricos espiritualmente. De ahí que *dar* sea recompensa suficiente cuando *damos* desde nuestra verdadera esencia. La paradoja es que al obrar con sabiduría *recibimos* mucho más de lo que hubiéramos podido imaginar.

> Lo que das, te lo das.
> Lo que no das, te lo quitas.
>
> ALEJANDRO JODOROWSKY

43. LA FILOSOFÍA DEL POSMATERIALISMO

El dinero puede proporcionarnos un estilo de vida muy cómodo y placentero, así como una falsa sensación de seguridad. Pero no puede comprar nuestra felicidad. Principalmente porque nuestro bienestar espiritual no depende de lo que *hacemos* ni de lo que *tenemos*, sino de quiénes *somos* y de cómo nos *sentimos*. Es decir, del grado de conexión interna que hemos cultivado con nuestra verdadera esencia.

Normalmente necesitamos llevar una existencia puramente materialista para terminar dándonos cuenta de que las *cosas* realmente importantes no pueden *verse* ni *tocarse*; tan solo *intuirse* y *sentirse*. De hecho, para apreciar y valorar los aspectos intangibles, cualitativos e inmateriales que forman parte de la realidad, es imprescindible que exista cierto contraste entre nuestro estado de ánimo interno y nuestras circunstancias externas. Así, las personas que padecen de pobreza espiritual suelen creer que esta se debe a su pobreza material. No importa cuál sea su nivel de renta. La pobreza espiritual no tiene nada que ver con el nivel de ingresos, el estatus profesional ni el estrato cultural. Lo que nos hace ricos o pobres emocionalmente no es nuestra realidad socioeconómica, sino la percepción que tenemos de la misma.

En este caso, el clic evolutivo se produce en la medida en que gozamos de cierta riqueza material y seguimos experimentando la misma pobreza espiritual. De pronto *tenemos* más di-

173

nero, pero seguimos *sintiéndonos* tensos e irritados. *Tenemos* éxito y respetabilidad, pero seguimos *sintiéndonos* solos y tristes. *Tenemos* confort y seguridad, pero seguimos *sintiéndonos* esclavos de nuestros miedos e inseguridades. Y en definitiva, *tenemos* cada vez más *cosas*, pero seguimos *sintiéndonos* vacíos.

Gracias a este contraste entre nuestra riqueza material y nuestra pobreza espiritual solemos empezar a cuestionar las motivaciones que nos han llevado a construir un estilo de vida puramente materialista. Esta es la razón por la que desde hace un par de décadas están surgiendo diferentes corrientes sociales, cuyo denominador común es que anteponen la felicidad al dinero. Entre estas destacan el «Decrecimiento»,[52] la «Simplicidad Voluntaria»,[53] el «Movimiento *Slow*»[54] —que en inglés quiere decir «lento» o «despacio»— y el «*Downshifting*»,[55] que en ese mismo idioma significa «reducir la marcha». En esencia, estas tendencias promueven disminuir el nivel cuantitativo de nuestra vida para incrementar su dimensión cualitativa.

La economía del comportamiento

Cada vez más seres humanos estamos apostando por llevar una existencia más tranquila, simple y sencilla, de manera que el confort material esté al servicio de nuestro bienestar espiritual. No en vano, ¿de qué nos sirve todo lo que tenemos si no gozamos de tiempo para disfrutarlo? ¿De qué nos sirve que los demás piensen bien de nosotros si nos pasamos el día estresados y cansados? Y en definitiva, ¿de qué nos sirve ganar mucho dinero si no somos felices?

De hecho, la necesidad de experimentar una riqueza espiritual abundante y sostenible es la base sobre la que se sustenta el nuevo paradigma emergente, uno de cuyos pilares es la filosofía del «posmaterialismo».[56] Y esta parte de la premisa de que la realidad está compuesta por una parte física, material, tangible y cuantitativa —que podemos percibir a través de nuestros cinco sentidos físicos— y otra parte espiritual, inmaterial, intangible y cualitativa, que solo podemos sentir por medio de nuestro corazón. Así, de lo que se trata es de integrar lo material con lo espiritual, construyendo un estilo de vida equilibrado entre lo que *somos*, lo que *hacemos* y lo que *tenemos*.

Una vez garantizada nuestra supervivencia física y económica y teniendo cubiertas nuestras necesidades básicas, lo que favorece y hace perdurar nuestro bienestar emocional no es lo que *conseguimos* ni *poseemos*, sino lo que *ofrecemos* y *entregamos* a los demás. Entre otros estudios, destacan los realizados por el economista norteamericano George F. Loewenstein.[57]

Sus investigaciones se centraron en los antagónicos efectos emocionales que producen la codicia y la generosidad. Y para ello, realizó un experimento sociológico con un grupo muy heterogéneo de seres humanos. El equipo liderado por Loewenstein seleccionó a sesenta personas de diferentes edades, sexos, razas y profesiones, las cuales, a su vez, tenían múltiples divergencias en el plano social, cultural, económico, político y religioso. Más allá de estas diferencias superficiales, los investigadores querían obtener conclusiones profundas y universales, válidas para cualquier ser humano.

El primer día los participantes fueron divididos en dos grupos de treinta personas cada uno. Y todos ellos recibieron un sobre con una misma cantidad de dinero: 6.000 dólares, lo que representaba una suma considerable para la gran mayoría. A los miembros del primer grupo se les pidió que en un plazo máximo de dos meses se gastaran todo el dinero para «hacerse regalos a sí mismos», saciando su propio interés. Y a los integrantes del segundo grupo se les comunicó que en el mismo plazo de tiempo tenían que utilizar los 6.000 dólares para «hacer regalos a otras personas», orientando su gasto al bien común.

Vacío *versus* plenitud

Dos meses más tarde, los participantes relataron de forma individual lo que habían experimentado mientras hacían usos diferentes de una misma cantidad de dinero. Por medio de exhaustivas entrevistas personales —así como de sofisticadas pruebas psicotécnicas—, el equipo de investigadores liderado por Loewenstein obtuvo resultados diametralmente opuestos.

Por un lado, descubrió que el nivel de satisfacción de los miembros del primer grupo —quienes habían gastado el dinero en sí mismos, mayoritariamente en cosas materiales— había durado «relativamente poco». Según las conclusiones obtenidas, «tras el placer y la euforia inicial que les proporcionaba comprar, utilizar y poseer determinados bienes de consumo, los participantes enseguida volvían a su estado de ánimo normal». Con el paso de los días, algunos incluso «empezaban a sentirse más tristes, vacíos y decaídos». Principalmente por «no poder mantener el nivel de excitación conseguido por medio del consumo».

Por otro lado, los miembros del segundo grupo —quienes habían gastado el dinero para hacer regalos a otras personas— se habían sentido «mucho más satisfechos y plenos» que los del primer grupo. Curiosamente, «el simple hecho de pensar de qué manera podían utilizar el dinero para beneficiar a los demás, ya era motivo suficiente para que los participantes experimentaran una agradable sensación de bienestar interno». En general, la mayoría utilizó los 6.000 dólares de una manera posmaterialista. Es decir, haciendo uso del dinero para «crear experiencias y oportunidades».

Unos regalaron viajes a sus amigos; algunos lo usaron para pagar la matrícula de títulos universitarios de sus hijos; otros donaron el dinero a diferentes entidades sin ánimo de lucro, repartiéndolo incluso entre los mendigos de su ciudad. De hecho, hubo quien saldó parte de la deuda contraída por algún familiar. Y no solo eso. Una vez entregaban los *regalos*, «el sentir la alegría, el disfrute y el agradecimiento de otras personas provocaba en los participantes una intensa sensación de plenitud, la cual —en general— permanecía durante horas e incluso días».

La conclusión de dicho experimento fue que «el egocentrismo, la codicia y la orientación al propio interés traen como resultado una sensación de vacío, sinsentido, escasez e infelicidad, mientras que el altruismo, la generosidad y la orientación al bien común son fuente de plenitud, sentido, abundancia y felicidad». De esta manera, Loewenstein corroboró de forma científica y empírica lo que los sabios de todos los tiempos vienen repitiendo: a nivel espiritual, «recibimos lo que damos». Más allá de cualquier estudio sociológico, se trata de una afirmación que podemos verificar a través de nuestra experiencia individual.

Felicidad Interior Bruta (FIB)

Así, en la medida que aprendemos a ser felices por nosotros mismos, nuestro bienestar se asienta y se expande al ser cómplices de la felicidad de los demás. Inspirados por la filosofía del posmaterialismo, cada vez más seres humanos estamos buscando la manera de servir a otras personas, contribuyendo con nuestro granito de arena a *mejorar* la sociedad de la que todos formamos parte.

Tanto es así, que ya empieza a hablarse de «la economía de la felicidad»,[58] cuya principal premisa es que el Producto Interior Bruto (PIB) es un indicador limitante y obsoleto para medir y valorar el verdadero progreso y desarrollo de un país. Si bien todavía queda mucho camino por recorrer, ya se está estudiando de qué manera pueden crearse y utilizarse indicadores posmaterialistas. Curiosamente, la alternativa más interesante al PIB no ha surgido de los ordenadores de una institución académica, sino de los tranquilos valles de Bután, un enclave budista en el corazón del Himalaya.

En este reino se creó el índice de Felicidad Interior Bruta (FIB), que combina siete ámbitos de bienestar: físico, mental, ambiental, laboral, económico, político y social. Su promotor fue el monarca Jigme Singye Wangchuck, que desde el día de su coronación —en 1974— apostó por un desarrollo socioeconómico sostenible y equitativo, la promoción de la cultura, la conservación del medio ambiente y el buen gobierno como pilares de la felicidad nacional.

Es evidente que no es fácil trasladar la experiencia de Bután al resto de economías industrializadas. Sin embargo, el nuevo paradigma ha dejado de ser una opción para convertirse en una necesidad. Si bien como civilización hemos alcanzado la cima material, desde la perspectiva posmaterialista está todo por hacer. Y es que ya no es posible seguir creyendo en el crecimiento material ilimitado como motor de la sociedad y en el consumo como camino hacia la plenitud.

> Solo poseemos aquello que no
> podemos perder en un naufragio.
>
> PROVERBIO HINDÚ

44. LA ECONOMÍA CONSCIENTE

Mientras el sistema monetario siga funcionando tal como lo ha venido haciendo será imposible promover la eficiencia, la abundancia y la sostenibilidad. Además, debido al nivel de endeudamiento que arrastramos estamos cerca de presenciar el colapso mundial del actual sistema financiero. Conjeturas aparte, lo fundamental es que cada uno reflexione acerca de los cambios y las transformaciones que sí dependen enteramente de nosotros.

Así es como entre todos podemos *dar a luz* a la economía consciente, cuyo objetivo es que el sistema, las empresas y los seres humanos cooperen para crear un bienestar espiritual, social, económico y ecológico verdaderamente eficiente y sostenible. Lo que está en juego es nuestra propia supervivencia como especie, la cual está estrechamente relacionada con el uso y la gestión consciente de los recursos naturales que forman parte del planeta que todos compartimos.

Por este motivo, si realmente queremos *ser* el cambio que queremos ver en el mundo, lo primero que podemos *hacer* —tal vez lo más importante— es reflexionar acerca de cómo estamos ganando el dinero que necesitamos para sufragar nuestros costes de vida. En vez de *trabajar* para saciar solamente nuestro propio interés, en la nueva economía consciente que se avecina cada vez más seres humanos estamos buscando la manera de desarrollar una «función profesional útil», orientada al bien común. Es decir, cualquier ocupación laboral que aporte algún tipo de servicio, contribución, beneficio o riqueza real para la sociedad.

Y no nos referimos solamente a los médicos. En esta categoría profesional también están incluidos otros perfiles no tan reconocidos desde la perspectiva del viejo paradigma, como son los profesores de primaria y secundaria, los basureros, los albañiles, los camareros, los bomberos, los trabajadores sociales, los jardineros, las niñeras e incluso las amas de casa, cuya función es tan admirable como clave en el engranaje de la sociedad. Así, la base de cualquier función profesional útil es que permite que la energía que invertimos aporte algún valor añadido a otros seres humanos.

Por el contrario, muchos empleos que en el viejo paradigma gozan de cierto estatus social y reconocimiento profesional no suelen precisamente beneficiar de ninguna manera a la sociedad. De hecho, no forman parte de la economía real, sino que se enmarcan dentro de la especulación virtual, como pueden ser la mayoría de profesiones incluidas dentro del sector de servicios financieros. No en vano, su objetivo es maximizar el beneficio por medio de la inversión estratégica de dinero, sin que este genere bienes, productos y servicios útiles y con valor para otras personas.

En esta misma línea figuran todos aquellos empleos cuyo único fin es engordar el lucro de las corporaciones para las que trabajan. Desde un punto de vista humano y ecológico, este tipo de profesiones son inútiles y carecen por completo de propósito y de sentido. Prueba de ello es que, si de hoy para mañana dejaran de existir, nadie las echaría de menos. Eso sí, para preservar la ilusión de seriedad y contribución, a estos empleados se les obliga a llevar traje y corbata, pagándoles un abultado salario a final de cada mes. Sea como fuere, estos *servicios* laborales están condenados a reinventarse, pues no generan ninguna contribución real para la sociedad.

Para verificar qué lugar profesional ocupamos ahora mismo en el mundo, basta con que seamos lo suficientemente sinceros como para responder a las siguientes preguntas: ¿qué sentido tiene nuestro trabajo? ¿Para qué sirve nuestro empleo y nuestra empresa? ¿De qué manera nuestra función profesional beneficia realmente a otros seres humanos? ¿Creemos en lo que hacemos? Y por último y no menos importante, ¿qué legado estamos dejando en la sociedad?

El ahorro consciente y la banca ética

Más allá de reflexionar acerca de cómo ganamos dinero, también es fundamental saber de qué manera lo utilizamos, especialmente a la hora de relacionarnos con entidades financieras. En este sentido destaca el «ahorro consciente». Es decir, poner nuestro excedente de capital al servicio de la humanidad. Eso sí, esta acción pasa irremediablemente por dejar de ser clientes de la banca tradicional. Y no por asuntos morales, sino por ser verdaderamente coherentes con nuestros valores. Lo curioso es que en general no solemos preguntar a nuestro banco a qué destina nuestros ahorros. Nuestra preocupación suele centrarse en los intereses y la rentabilidad que nos ofrece. Y este desconocimiento a veces genera que nuestro dinero se invierta en sectores y actividades con los que no estamos de acuerdo.

Al empezar a concebir el mundo como un organismo vivo donde todo está conectado e interrelacionado, de forma natural optamos por la alternativa posmaterialista, conocida como «banca ética». Y esta se distingue de las entidades convencionales en la naturaleza social de los proyectos que financia, en el filtro ético de las empresas en las que invierte y en la transparencia de sus acciones. Prueba de ello es que no destina ni un solo euro a organizaciones relacionadas con el tráfico de armas, la explotación laboral, los combustibles fósiles —petróleo, carbón y gas—, los transgénicos o la destrucción de la naturaleza. En cambio, la banca ética sí apoya todo tipo de proyectos sociales y ecológicos, promoviendo la ocupación laboral de personas con discapacidad o el desarrollo de las energías renovables, entre muchos otros.

¿Y qué hay de las empresas? ¿Qué papel juegan en la economía consciente? Pues aquel que los seres humanos que las creamos, dirigimos y componemos decidamos darle. Cuanto más se despierte nuestra consciencia individual, más rápidamente cambiará y evolucionará la mentalidad de las organizaciones, esencialmente para adaptarse y sobrevivir económicamente. Es una ley inmutable: las corporaciones no cambian ni se transforman hasta que no lo hacen primero los empleados y los consumidores. Así, la pregunta que todos nos deberíamos estar haciendo es: ¿qué sentido tiene correr cuando estamos en la carretera equivocada?

Así, al ejercer una profesión útil y hacer un uso responsable, consciente y ético de nuestro dinero, estamos fomentando que las compañías impulsen internamente la «responsabilidad social corporativa». Y esta consiste en alinear el afán de lucro de las empresas con la humanización de sus condiciones laborales y el respeto por el medio ambiente. Para lograrlo, las empresas han de tener como principal objetivo crear riqueza para la sociedad, de manera que el dinero llegue como resultado.

Desde la perspectiva ecológica, esta responsabilidad reside particularmente en la intencionalidad y el diseño de los productos y servicios que ofrecen a la sociedad. De hecho, las empresas con una verdadera consciencia ecológica están asumiendo la denominada «responsabilidad extendida del productor».[59] Debido a la falta de regulación en materia medioambiental, se trata de una iniciativa voluntaria que consiste en medir la huella ecológica de los bienes que cada compañía fabrica y comercializa. No en vano, lo que se produce es lo que se consume. Y lo que se consume es lo que se desecha. De ahí la importancia de reflexionar acerca de *para qué sirven* y *cómo se producen* las *cosas* que consumimos, tratando de que puedan reutilizarse o reciclarse.

> Lo que más me sorprende de la humanidad son
> las personas que pierden la salud para juntar dinero
> y luego pierden el dinero para recuperar la salud.
>
> SIDDHARTA GAUTAMA 'BUDA'

45. EL CONSUMO ECOLÓGICO

A no ser que su sueldo dependa de lo contrario, muy pocos científicos cuestionan y ponen en duda que el gran desafío al que nos enfrentamos como humanidad se llama «calentamiento global». Y este se define como el creciente aumento de la temperatura terrestre y de los océanos a causa de la excesiva liberación de dióxido de carbono y otros gases derivados de la quema de combustibles fósiles, como el petróleo, el carbón y el gas natural.

Dado que este tipo de energías no renovables y altamente contaminantes representan la base sobre la que estamos creciendo económicamente sobre la faz de la Tierra, la ecuación es bien simple: cuanto mayor es el desarrollo y la actividad de la civilización humana, mayor es también el calentamiento global. Y puesto que se trata de un fenómeno que pone en riesgo nuestra salud y nuestra supervivencia como especie, a la ecología no le va a quedar más remedio que ponerse de moda.

Etimológicamente, procede de los vocablos griegos *oikos* —que significa «casa»— y *logos*, que quiere decir «conocimiento». Así, la ecología es la ciencia que estudia nuestro verdadero hogar: la naturaleza, de manera que podamos vivir y disfrutar de ella de forma eficiente y sostenible. La única razón por la que nos hemos olvidado de *ella* es porque llevamos siglos sepultándola bajo el alquitrán sobre el que hemos construido el tablero de juego de la economía.

Al construir nuestro estilo de vida sobre las ciudades, muchos de nosotros estamos aislados y desconectados de la naturaleza. De ahí que en general nos sea tan difícil empatizar con el planeta. Sin duda alguna, es nuestra gran asignatura pendiente. Prueba de ello es que la mayoría ignoramos el impacto que tiene nuestra existencia hiperconsumista sobre la Tierra.

Eso sí, inspirados por el nuevo paradigma, en cada vez más seres humanos se está despertando la consciencia ecológica. Y esta nos lleva a reflexionar acerca de cómo estamos gastando nuestro dinero, una práctica más conocida como «consumo responsable» o «consumo ecológico». En esencia, consiste en comprar lo que verdaderamente necesitamos en detrimento de lo que deseamos, tratando de apoyar con nuestras *compras* a empresas y organizaciones que favorezcan la igualdad social y la conservación del medio ambiente.

Por eso se dice que nuestro poder como ciudadanos ya no reside tanto en nuestro voto como en nuestro consumo. O que la revolución del sistema y de las empresas se encuentra en manos de los consumidores. Cada vez que pagamos por *algo* estamos validando y aprobando la manera en la que se ha producido. Al poner nuestro dinero sobre el *mostrador*, en el fondo es una afirmación de que «estamos conformes con la forma en que dicho producto se ha hecho, con los materiales empleados para su fabricación y con lo que va a ser de *él* cuando no lo queramos y lo tiremos».[60]

Consumir responsablemente

Esta nueva forma de *votar* parte de la premisa de que «el dinero es energía». Con cada euro que gastamos damos fuerza al comercio, la empresa, el producto y el servicio que compramos. En el caso de que sintamos la necesidad de consumir de una forma más consciente y coherente, necesitamos cultivar el hábito de preguntarnos: ¿qué compramos?, ¿por qué lo compramos? y ¿dónde lo compramos? Y que, en base a las respuestas obtenidas, actuemos en consecuencia. De lo que se trata es de minimizar la huella ecológica que nuestro estilo de vida está generando sobre la naturaleza.

Y para ello, basta con recordar la economía de los materiales. Antes de que podamos adquirir un determinado producto, este pasa por las fases de extracción, producción y distribución, las cuales pueden ser cómplices (o no) de la explotación laboral y la contaminación del planeta. Y una vez lo hemos consumido y utilizado, también pasa por la fase de desecho. De ahí que sea interesante pensar en los residuos y la basura que genera, viendo si se puede introducir en un proceso de reciclaje. Entre otras medidas cotidianas, cada vez se utilizan menos bolsas de plástico en los supermercados, fomentando que los consumidores salgamos a la calle con el carrito de la compra.

Siguiendo este tipo de prácticas, los consumidores responsables también se esfuerzan por buscar fuentes de información fiables, dejando de creer ciegamente en los mensajes que la propaganda corporativa emite por medio de la publicidad. Así es como podemos determinar qué empresas, productos y servicios respetan los derechos humanos y el medio ambiente, pudiendo hacer una compra ética, verdaderamente alineada con nuestros valores.

Por ello, el consumo ecológico es el principal promotor del «comercio justo» y la «producción ecológica y orgánica». Por un lado, el comercio justo integra una visión posmaterialista que actualmente no contempla el capitalismo salvaje. Apuesta por establecer una relación comercial voluntaria e igualitaria entre productores y consumidores, de manera que todos salgamos ganando. Y dado que el mundo se ha convertido en un gran mercado, su filosofía es que la mejor ayuda que las naciones *desarrolladas* pueden proporcionar a los países *en vías de desarrollo* es el establecimiento de relaciones comerciales éticas, justas y respetuosas. Por su parte, la producción ecológica y orgánica es una firme apuesta por la calidad y no tanto por la cantidad. De ahí que no utilice transgénicos ni pesticidas, con lo que los productos son totalmente naturales y, por tanto, menos dañinos para todos.

En paralelo y de la mano de la revolución verde, la gestión de residuos y el reciclaje se están profesionalizando. Sin embargo, por más nobles y beneficiosos que sean estos procesos para el planeta, no están orientados a solucionar el problema medioambiental. Más que nada porque se centran en paliar los efectos de nuestra manera ineficiente e insostenible de consumir, y no en solventar su auténtica causa: el hiperconsumismo. Esta es la razón por la que parte de nuestra responsabilidad como consumidores consiste en disminuir y optimizar nuestro consumo, logrando así generar menos residuos y desechos. Primordialmente porque la economía consciente tiene muy en cuenta los límites naturales de la biosfera en la que se sustenta. Tanto es así, que el principal eslogan ecológico dice lo siguiente: «Reduce, reutiliza y recicla».[61]

Hagas lo que hagas en la vida será insignificante,
pero es importante que lo hagas porque nadie más lo hará.

Mahatma Gandhi

XI. La sociedad orgánica

Cada día me miro en el espejo y me pregunto: «¿Si hoy fuese el último día de mi vida, querría hacer lo que voy a hacer hoy?». Si la respuesta es «no» durante demasiados días seguidos, sé que necesito cambiar algo.

STEVE JOBS

Se cuenta que el filósofo griego Diógenes estaba sentado en la esquina de una calle muy estrecha, observando el comportamiento de los transeúntes que paseaban por delante de él. Por lo visto, en medio del sendero había una piedra bastante grande, con la que casi todos tropezaban una y otra vez. Tras varias horas de observación, Diógenes comprobó que la mayoría de peatones actuaba de una determinada manera.

El primer rasgo en común es que andaban con prisa, sin darse cuenta de que había una piedra en medio de la calle. La segunda particularidad es que muchos tropezaban con ella. Y el tercero es que todos la maldecían. Hubo uno que incluso le profesó varios insultos. De pronto apareció uno de los discípulos del filósofo, que nada más verlo, le preguntó: «Maestro, ¿qué estás haciendo?». Y este le contestó: «Estoy aprendiendo».

El discípulo, intrigado, se sentó junto a Diógenes y ambos se quedaron un rato en silencio. Seguidamente, un nuevo transeúnte cruzó por aquella esquina con paso firme, se tropezó con la piedra y la maldijo. Al presenciar una vez más la misma escena, el filósofo empezó a reírse. «¿De qué te ríes, maestro? ¿Del hombre que acaba de tropezarse?»

Y Diógenes, sin perder la sonrisa, le contestó: «Me río de la condición humana. Hay que reconocer que somos muy graciosos. ¿Ves esa piedra que hay en medio de la calle?». El discípulo asintió con la cabeza. «Desde que he llegado aquí esta mañana, al menos veinte transeúntes han tropezado con ella y la han maldecido, pero ninguno se ha tomado la molestia de retirarla para que no tropiecen otras personas.» Acto seguido, el sabio se levantó del suelo, recogió la piedra y la apartó del camino.[62]

46. LA ASUNCIÓN DE LA RESPONSABILIDAD

El cambio de mentalidad individual es el motor de la transformación de las empresas y del sistema en el que vivimos. Así, en la medida en que este proceso se vaya extendiendo y consolidando, lenta pero paulatinamente vamos a presenciar el amanecer de la denominada «sociedad orgánica». Es decir, una sociedad construida sobre los principios y valores éticos con los que conectamos cuando vivimos desde nuestra verdadera esencia.

Para saber si estamos operando según los parámetros del viejo o del nuevo paradigma basta con verificar si nuestra actitud general frente a la vida es el victimismo o la responsabilidad. Y en consecuencia, si nuestro estado de ánimo está condicionado por la reactividad, el conflicto y el sufrimiento o más bien por la proactividad, la aceptación y la felicidad. Dicho de otra manera: «¿Somos de los que nos quejamos cuando el agua de la ducha sale fría, o de los que valoramos y agradecemos cada vez que sale caliente?».[63]

Al igual que en una habitación la oscuridad no puede cohabitar con la luz, al asumir la responsabilidad personal el victimismo va perdiendo fuerza y protagonismo. Y poco a poco van desapareciendo las protestas, las lamentaciones, las críticas, los juicios, las quejas y demás actitudes ineficientes que tanto *cianuro* vierten en nuestro organismo. Como resultado, lo que nos queda son pensamientos y comportamientos originados desde la comprensión y la aceptación de que nuestras circunstancias *son como son*.

Dado que no podemos cambiar ni controlar lo que nos sucede —lo de *afuera*—, el reto es aprender a poner nuestro foco de atención en lo de *adentro*. Es decir, en la actitud que tomamos frente a los hechos en sí. No en vano, la responsabilidad es la habilidad de responder. Y como cualquier otra capacidad, podemos cultivarla por medio del entrenamiento diario. En este sentido, comencemos haciéndonos una simple pregunta: ¿de qué manera somos co-creadores y corresponsables de las situaciones adversas que afrontamos en nuestro día a día?

Decisiones y consecuencias

En caso de que alguien nos insulte con rabia, por ejemplo, asumir la responsabilidad consiste —en primer lugar— en aceptar que quien nos ha insultado tiene todo el derecho a hacerlo, de la misma manera que nosotros tenemos todo el derecho de insultar a quien queramos. Así, los seres humanos somos 100 % libres de hacer lo que queramos —en eso consiste el libre albedrío—, pero 0 % dueños de las consecuencias que tienen nuestras decisiones y nuestros actos.

Partiendo de esta premisa, lo primero que conseguimos al asumir la responsabilidad es no reaccionar ante el insulto. O más concretamente: no perturbarnos por lo que la otra persona —esté en lo cierto o no, y más allá del tono emocional con el que se exprese—, ha dicho acerca de nosotros. Al conectar y vivir desde nuestra verdadera esencia, podemos elegir la manera de tomarnos las cosas que nos suceden.

De ahí que con la práctica y el entrenamiento escojamos afrontarlas con serenidad y aceptación. Principalmente porque es lo mejor que podemos hacer para preservar nuestro bienestar. Encarar lo que nos pasa con una actitud defensiva y beligerante no sirve para solucionar nada. Más bien complica y agrava la situación. La lucha y el conflicto tan solo dan como resultado más lucha y más conflicto. Y en consecuencia, más sufrimiento.

Siguiendo con el ejemplo de la persona que nos ha insultado, al aceptar esta situación y no reaccionar, el insulto deja de tener *poder* sobre nosotros. Y al no tomárnoslo como algo *personal*, ni siquiera lo *recibimos*. Dado que nuestro estado de ánimo no se ha visto afectado por el insulto, no sentimos la necesidad de *defendernos* ni de *atacar*. Esencialmente porque tampoco tenemos la noción de que exista ningún *agresor*. Es más, al ver e interpretar la escena con objetividad y neutralidad, lo único que percibimos es una persona que al lanzar un insulto con rabia, primera y únicamente se ha dañado a sí misma. Más que *verdugo*, nuestro supuesto agresor ha sido en realidad *víctima* de su incompetencia emocional.

Esta es la razón por la que, al entrenar el músculo de la responsabilidad, no reaccionamos al odio con más odio, sino que respondemos al odio con comprensión. Es decir, empatizando con el ser humano que tenemos delante, asumiendo que lo está haciendo lo mejor que sabe en base a su grado de entendimiento, a su estado de ánimo y su nivel de consciencia. Y que el hecho de insultarnos no se debe a la maldad, sino a la ignorancia.

Por más que no estemos de acuerdo con el insulto, la otra persona —al igual que nosotros— está en su derecho de cometer errores para aprender y evolucionar. En el caso de contar con información veraz, energía vital y entrenamiento, seguramente actuaría de una manera más constructiva, ahorrándose la desagradable ingesta de *chupitos* de *cianuro*.

¿Reaccionar o responder?

Y he aquí el quid de la cuestión. Al escoger no *reaccionar* ante el insulto podemos *responder* de la mejor manera posible. Y por «mejor» nos referimos a profesar una actitud, una palabra o un comportamiento útil, constructivo y eficiente. Y desde un punto de vista emocional, beneficioso tanto para nosotros como para la otra persona. Además, al entrenar nuestra habilidad de responder, fortalecemos la conexión con nuestra verdadera esencia, adentrándonos en un círculo virtuoso. Lo cierto es que, al vivir *desde* lo mejor de nosotros mismos, aflora una inteligencia esencial que nos permite elegir libre y voluntariamente la manera de interpretar y de experimentar lo que nos sucede.

Por ello, cada vez que afrontemos una circunstancia adversa y nos venga a la mente un pensamiento perturbador, podemos aplacarlo por medio del discernimiento y la sabiduría. Y para lograrlo, hagámonos una simple pregunta en nuestro fuero interno: «¿Qué es lo que no estamos aceptando?».[64] La respuesta nos hará ver que la limitación que genera nuestro sufrimiento no se encuentra en nuestras circunstancias, sino en nuestra manera de verlas e interpretarlas. En el caso del insulto, nuestra actitud victimista y nuestra conducta reactiva surgen al no aceptar que la otra persona tiene derecho a equivocarse y a pensar lo que quiera de nosotros.

Por medio de esta revelación, verificamos que nuestro sufrimiento no tiene nada que ver con la realidad, sino con nuestros pensamientos acerca de la realidad. Si bien solemos creer que seremos felices cuando cambien nuestras circunstancias, de pronto descubrimos que nuestras circunstancias comienzan a cambiar en la medida que aprendemos a ser felices. Por eso, la raíz de la responsabilidad se encuentra siempre en la conquista de nuestros pensamientos. Esencialmente porque estos son como semillas, que dan como fruto palabras, actitudes y comportamientos, que a su vez van determinando el rumbo que va tomando nuestra existencia.

Nos guste o no, somos co-creadores de nuestra realidad. En base a esta comprensión, la culpa, el rencor y el resentimiento van cayendo por sí mismos, al tiempo que lo hacen la violencia, el odio, la venganza y el castigo. Todos estos parásitos y venenos emocionales carecen por completo de utilidad y de sentido. Más que nada porque son autodestructivos. Y al liberarnos de ellos, empezamos a ver con más claridad por qué nuestras circunstancias actuales son como son y a comprender de qué manera pueden ser diferentes.

Aunque es cierto que cada uno de nosotros parte de una situación física, emocional y económica determinada, todos tenemos la posibilidad de convertirnos en quienes estamos destinados a ser, aprendiendo a experimentar felicidad (0 % sufrimiento), paz interior (0 % reactividad) y amor (0 % lucha y conflicto y, en consecuencia, 100 % servicio). La paradoja es que si bien el victimismo nos esclaviza, la responsabilidad nos hace libres. Y es precisamente esta libertad interior la base sobre la que podemos seguir nuestro propio camino por medio de interpretaciones y decisiones más sabias, que a su vez nos reporten nuevos y mejores resultados en las diferentes dimensiones de nuestra existencia.

> Hemos levantado la estatua de la libertad
> sin haber construido primero la de la responsabilidad.
>
> Viktor Frankl

47. El poder de la aceptación

La auténtica felicidad reside en nuestro interior. Cuando comprendemos e interiorizamos esta verdad, dejamos de querer que la realidad se adapte a nuestras ambiciones, necesidades, sueños y aspiraciones. Y, en consecuencia, desaparece la lucha, el conflicto y el sufrimiento. Todo este proceso de cambio y de transformación nos permite conquistar nuestra mente y ser dueños de nuestros pensamientos.

En paralelo, también aprendemos a fortalecer nuestra autoestima, nuestra confianza y nuestra paz interior. Es en este punto del camino donde practicamos de forma consciente y voluntaria la aceptación. De este modo es como dejamos de perturbarnos constantemente a nosotros mismos. Primero nos aceptamos tal como somos. Lo cierto es que tenemos derecho a tener defectos y a cometer errores. Luego aceptamos a los demás tal como son. Al igual que nosotros, tienen derecho a actuar como consideren en base a su grado de comprensión, a su estado de ánimo y a su nivel de consciencia. De hecho, al descubrir que nadie ni nada nos ha dañado nunca emocionalmente, nos sentimos mucho más libres y poderosos al encontrarnos con personas conflictivas y situaciones adversas.

También aceptamos que el mundo es como es, por más que no estemos de acuerdo con la guerra, el hambre, la pobreza... Al igual que nosotros, está en su proceso de cambio y transformación. Curiosamente, la gente suele tacharnos de «insensibles» e «indiferentes» si no nos perturbamos por las *cosas* que suceden en el planeta. Es decir, que para que los demás nos consideren «buenas personas» hemos de mostrar activamente que sí nos importan las tragedias que salen por las noticias. Sobre todo porque en caso de no ser *buenos*, tenemos la creencia inconsciente de que «los demás no van a querernos». Y parece que no hay mejor manera de mostrar nuestra bondad que sufriendo.

Aceptar el mundo tal como es

Si bien la guerra, el hambre y la pobreza son una calamidad, el hecho de que suframos por ello no sirve para nada. Nuestro sufrimiento no va a terminar con las guerras. Tampoco va a erradicar el hambre y la pobreza. De ahí que sea absolutamente inútil. Lo único que consigue es alimentar el ego, llevándonos —una vez más— a querer cambiar el mundo para adaptarlo a como cada uno de nosotros —de forma completamente subjetiva— ha determinado que el mundo *debe* ser.

Por el contrario, el reto consiste en aprender a aceptarlo tal como es, lo cual no quiere decir mostrarnos insensibles e indiferentes. Aceptar tampoco significa estar de acuerdo con lo que en él sucede. Ni mucho menos resignarnos. Si bien la resignación es un punto de llegada, la aceptación es un punto de partida. Al aceptar la realidad tal como es, dejamos de perturbarnos a nosotros mismos. Y en consecuencia, disponemos de más energía y lucidez para actuar en coherencia con nuestros valores y con nuestra conciencia ética, dando lo mejor de nosotros mismos desde nuestra verdadera esencia.

Este aprendizaje también nos lleva —finalmente— incluso a aceptar que los demás no nos acepten. Es decir, a no reaccionar ni ponernos a la defensiva cada vez que otras personas proyectan una imagen limitada acerca de nosotros. Más que nada porque están en su derecho de mirarnos, interpretarnos y etiquetarnos según la información distorsionada que les llega a través de sus respectivos modelos mentales. De hecho, al haber trascendido nuestro falso concepto de identidad ya no sentimos la necesidad de justificarnos ni de defendernos. Sabemos quiénes somos y eso es más que suficiente.

Así es como poco a poco nuestra ingesta de *chupitos* de *cianuro* va disminuyendo. Y al dejar de envenenar regularmente nuestra mente, nuestro cuerpo y nuestro corazón, recuperamos la conexión con el bienestar profundo y duradero que anida en nuestro interior. Con el tiempo, comenzamos a experimentar una sensación de abundancia y plenitud. Y en base a este nuevo estado de ánimo, tarde o temprano entramos en la vida de los demás con vocación de servicio.

Aquello que no eres capaz de aceptar
es la única causa de tu sufrimiento.

Gerardo Schmedling

Todos conocemos muy bien qué es el miedo. Entró en nuestra existencia el mismo día en que nacimos. Entre otros, padecemos miedo al rechazo. Al compromiso. A la soledad. A la libertad. A la grandeza. Al ridículo. Al fracaso. Al éxito. Al vacío. A la muerte. A la vida. Al cambio. Algunos sentimos tanto miedo que hemos terminado por temer al propio miedo.

Fiel e inseparable como una sombra, en su compañía solemos tomar decisiones que minimicen el riesgo y maximicen nuestra seguridad. A pesar de su mala fama, el miedo tiene un lado generoso. Mientras no podemos valernos emocionalmente por nosotros mismos, nos protege de todo tipo de amenazas y peligros. Y siempre se posiciona a favor de nuestra comodidad. De ahí que cada vez que le preguntemos, nos aconseje mantenernos en el mismo lugar y seguir siendo el mismo tipo de persona. También nos recomienda apostar por el camino trillado, motivándonos a hacer lo mismo que hace todo el mundo. Además, bajo su tutela creemos que no está bien arriesgar ni soñar. Nos *quiere* tanto que suele frenarnos de manera preventiva, evitándonos así nuevas decepciones y frustraciones.

Sin embargo, muchos consideramos al miedo como un enemigo que nos limita, llegando —en ocasiones— a *pelearnos* con *él*. Paradójicamente, cuanto más luchamos contra el miedo, más grande y poderoso se vuelve. Por este motivo, finalmente optamos por obedecerlo. Impotentes, dejamos que se convierta en nuestro amo y señor. Así es como en ocasiones terminamos presos de la inseguridad y la cobardía, pensando compulsivamente en lo peor que puede sucedernos.

Pero, si no podemos eliminarlo ni tampoco ser sus siervos, ¿cómo lo hacemos para vivir sin miedo? El reto consiste en trascenderlo, impidiendo así que nos paralice y nos boicotee constantemente. Y para ello, no nos queda más remedio que enfrentarnos cara a cara con lo que más tememos. Entonces comprendemos que más que carcelero, el miedo es en realidad un gran maestro. Su objetivo es desafiarnos para romper las *cadenas* que nos impiden vivir en libertad. Gracias a su compañía tenemos la oportunidad de conocer y superar muchísimas limitaciones con las que hemos sido condicionados.

El primer paso para trascender el miedo es aprender a confiar en nosotros mismos, centrando el foco de atención en nuestro círculo de influencia. Es decir, en las decisiones y acciones que dependen de nosotros. Así es como aprendemos a desapegarnos de los resultados derivados de estas. Primordialmente porque estos forman parte de nuestro círculo de preocupación, el cual está fuera de nuestro alcance. Pongamos por caso hablar en público. Dado que muchos de nosotros tenemos miedo a equivocarnos, a hacer el ridículo y a quedar *mal*, se trata de una situación que suele generarnos pavor.

Redefinir los valores

Lo curioso es que solemos creer que al preocuparnos por escenarios que todavía no han sucedido, seremos más capaces de afrontarlos con mayores garantías de éxito. Sin embargo, por medio de estos pensamientos preventivos lo único que conseguimos es engordar todavía más nuestra inseguridad, llenando nuestro corazón de ansiedad y nerviosismo. Para dejar de tomarnos más *chupitos* de *cianuro*, el aprendizaje consiste en entrenar el músculo de la confianza, el cual está estrechamente ligado con nuestra autoestima. En vez de pensar en las potenciales consecuencias de nuestra intervención pública —como la opinión que la audiencia pueda tener de nosotros—, podemos centrarnos simplemente en hacerlo lo mejor que podamos. Principalmente porque todo lo demás escapa por completo de nuestro control.

Para superar el miedo también es importante que redefinamos conscientemente cuáles son nuestros valores. Es decir, la brújula interior que nos permite tomar decisiones alineadas con nuestra auténtica esencia. Lo cierto es que cuando vivimos sin saber quiénes somos, qué es lo que de verdad nos importa y hacia dónde nos dirigimos, solemos funcionar con el piloto automático puesto. Esta es la razón por la que en ocasiones tenemos la sensación de vagar por la vida como boyas a la deriva. Y es precisamente esta desorientación la que nos conecta —nuevamente— con nuestros miedos e inseguridades.

En cambio, en la medida que nos conocemos a nosotros mismos y decidimos libre y voluntariamente qué valoramos en la vida, tarde o temprano encontramos el sentido que le queremos dar a nuestra existencia, tanto en el ámbito personal y familiar como en el profesional. Así, cuanto más sólidos son nuestros valores, más fácil nos es tomar decisiones que nos orienten en la dirección que hemos escogido. Gracias a esta seguridad interna, nos convertimos en nuestro propio faro. Ya no necesitamos ni dependemos de ninguna referencia externa, puesto que nadie sabe mejor que nosotros qué hacer con nuestra vida.

Con cada decisión que tomamos, vamos entrenando el músculo del coraje. Y al crecer en confianza, finalmente comprendemos que la vida no suele *darnos* lo que queremos, pero siempre lo que necesitamos para aprender. Al asumir las riendas de nuestra existencia, corroboramos que las experiencias que han formado parte de nuestro pasado han sido justamente las que hemos necesitado para crecer y evolucionar. Es decir, para convertirnos en el ser humano que somos en el momento presente.

La confianza también nos permite abrazar la inseguridad inherente a la existencia, cultivando así una *relación de amistad* con la vida. Más que nada porque la única certeza que tenemos es que la incertidumbre solo desaparece con nuestra muerte. Y que hasta que ese día llegue estamos condenados a tomar decisiones. Dado que no podemos prever lo que va a sucedernos mañana, el reto consiste en girar 180 grados nuestro foco de atención, aprendiendo a confiar en nuestra capacidad de dar respuesta a las diferentes situaciones que vayan surgiendo por el camino.

Como consecuencia directa empezamos a confiar en la vida. Es decir, a intuir que en el futuro va a seguir sucediéndonos exactamente lo que necesitamos para seguir evolucionando y madurando como seres humanos. De esta manera, comenzamos a ver e interpretar nuestras circunstancias de una forma más optimista, constructiva y eficiente. E incluso a salir de nuestra zona de comodidad, arriesgándonos a tomar decisiones y acciones que nos permitan seguir nuestro propio sendero. Así, gracias a la confianza podemos ser libres. Y la libertad nos brinda la oportunidad de ser auténticos, siendo fieles a los dictados de nuestra intuición.

> Concededme la serenidad para aceptar
> las cosas que no puedo cambiar, el valor para cambiar
> las que sí puedo y la sabiduría para establecer la diferencia.
>
> Epicteto

49. La sensación de fluidez

Estamos vivos y *eso* es lo único que necesitamos para ser felices. Pero dado que lo habitual es que estemos desconectados de nuestro corazón, solemos sentir un desagradable y molesto vacío en nuestro interior. Prueba de ello es que en general somos incapaces de estar solos, en silencio y haciendo nada. Primordialmente porque al abandonar cualquier distracción y quedarnos en un estado de quietud, empezamos a escuchar y a conectar con nuestro mundo interior, el cual a menudo rebosa insatisfacción.

Para trascender este malestar, el mejor remedio reside en aprender a fluir. Y lo cierto es que el primer paso es a menudo el más difícil. Consiste en salirnos de la rueda mecánica en la que se ha convertido nuestra existencia para dedicar tiempo y espacio para estar con nosotros mismos sin distracciones de ningún tipo. De hecho, hacer nada es la acción por excelencia. Esencialmente porque es en el silencio y en la inactividad donde reconectamos con lo que somos y con lo que sentimos. Sin embargo, dado que llevamos tantos años escapando de nuestro malestar, esto es precisamente lo primero con lo que nos encontramos. Así, el vacío existencial es la cortina de humo que nos separa de nuestra verdadera esencia y, en consecuencia, de nuestro bienestar.

Si no nos permitimos conectar y sentir el dolor emocional que anida en nuestro corazón, jamás nos liberaremos de él. Y a menos que lo extraigamos de nuestro organismo, seguiremos siendo incapaces de disfrutar plenamente del aquí y ahora. De ahí la importancia de permitirnos llorar de vez en cuando, cuya función es sentir y disolver aquellas emociones reprimidas que llevamos dentro. Esta es la razón por la que después de una buena llorera solemos quedarnos vacíos pero a la vez sentirnos muy llenos. No en vano, llorar sirve para sacar el dolor acumulado de nuestro organismo.

La sensación de fluidez con la que podemos vivir cada momento solo es posible si nos sentimos a gusto y en paz con nosotros mismos en el presente. Es entonces cuando se nos revelan dos verdades inmutables: que nosotros somos lo que andamos buscando y que no hay mayor fuente de felicidad que vivir en el presente, conectados con nuestro ser interior y, por ende, con la realidad de la que formamos parte. Esta es la esencia de la sobriedad. De pronto corroboramos que nuestro bienestar no depende de ningún estímulo externo. Y esta comprensión nos permite vivir desde la no-necesidad. Es decir, sin necesidad de que ocurra algo diferente a lo que está ocurriendo en cada preciso momento.

El arte de estar bien

Al sentirnos felices por nosotros mismos, fluimos con los demás y con nuestras circunstancias tal y como son. Y al no ser
víctimas del aburrimiento, ya no sentimos la necesidad de hacer *algo* para huir o escapar. Pongamos por ejemplo que hemos
quedado con unos amigos para ir de excursión y de pronto se
pone a llover. Dado que somos conscientes de que no tenemos
ninguna necesidad de ir, no pasa nada si se cancela el plan.
Simplemente fluimos, adaptándonos a lo que está sucediendo.
Principalmente porque al estar verdaderamente *bien* con nosotros mismos, sabemos que este *bienestar* nos seguirá acompa-
ñando tanto si vamos de excursión como si nos quedamos en
casa.

Aprender a fluir también significa aceptar cada momento
exactamente tal y como es. Es decir, hacer las paces con la realidad, dejando de pelear y discutir con *lo que es* en cada instante. Así es como dejamos de perturbarnos a nosotros mismos.
Y como consecuencia, tampoco tenemos la necesidad de cambiar nada ni a nadie. Imaginemos que estamos en medio de un
atasco de tráfico, justo el día que tenemos una importante reunión profesional. Es evidente que vamos a llegar tarde. Al tomar
consciencia de que no hay nada que podamos hacer para acelerar la marcha del resto de coches, no es necesario impacientar-
nos ni tomarnos ningún *chupito* de *cianuro*. Por el contrario,
podemos llamar a la oficina y decir que nos retrasaremos. Mientras, fluimos con el momento tal y como se está presentando.

Al llegar al despacho, nos limitamos a pedir disculpas a nuestro jefe y a nuestros compañeros de trabajo. Y dado que ya no
somos esclavos de nuestras necesidades emocionales (como la
de ser queridos o valorados), aceptamos con una sonrisa los comentarios que las demás personas puedan decir acerca de nuestra impuntualidad. Al sentirnos en paz con nosotros mismos,
actuamos desde la responsabilidad y la aceptación, pudiendo

fluir con lo que sucede sin necesidad de herirnos emocionalmente.

Aunque no nos lo parezca, ahora mismo todo está bien. Todo está en su sitio, tal y como tiene que ser. De ahí que los sabios afirmen que «todo es perfecto tal y como es porque está en su proceso de perfección». Eso sí, esto no quiere decir que nuestras actuales circunstancias externas sean perfectas, pero sí que tenemos la capacidad de percibirlas de esa manera. Así, la sensación de fluidez deviene cuando comprendemos que la *realidad* siempre es *aquí* y el momento siempre es *ahora*. No en vano, el pasado es un recuerdo y el futuro es pura imaginación. Lo único que existe de verdad es el presente. Nuestra auténtica realidad es el lugar donde operan nuestros cinco sentidos físicos. Si ahora mismo estamos leyendo este libro, *estamos leyendo este libro*. Todo lo demás es una *ilusión* creada por nuestros pensamientos. Si somos capaces de sentirnos en paz y a gusto aquí y ahora, este momento de bienestar irá expandiéndose y asentándose en nuestro interior, acompañándonos a dónde quiera que vayamos.

Toda la paz que encontrarás en la cima de la montaña
es aquella que trajiste contigo al llegar.

PROVERBIO ZEN

50. LA SABIDURÍA DEL AGRADECIMIENTO

Ahora mismo, en este preciso momento, somos el resultado de las experiencias que hemos vivido a lo largo de nuestra vida. O más concretamente, de cómo las hemos interpretado y de la actitud que hemos tomado frente a ellas. Si bien la mayoría de acontecimientos que forman parte de nuestro día a día transcurren casi sin hacer ruido, hay algunos hechos que nos marcan para siempre, dejando una huella imborrable en nuestra mente y en nuestro corazón.

Una larga enfermedad. Un accidente de tráfico. Un despido. Una ruptura sentimental. La traición de un amigo. La muerte de un ser querido. El vacío existencial. El sinsentido de la vida... Las peores experiencias —las más difíciles de afrontar— son precisamente las que más nos posibilitan evolucionar y madurar como seres humanos. Lo cierto es que no hay mejor maestro que la adversidad.

Aunque solamos vivirlo como un proceso difícil, incómodo y doloroso, muchos reconocemos que gracias a nuestros conflictos existenciales hemos conectado con nuestro espíritu de superación. Es decir, con una fortaleza interior que desconocíamos. En ocasiones, la experiencia del sufrimiento y el malestar también nos lleva a replantearnos por completo nuestra vida, cuestionando las creencias, los valores, las prioridades y las aspiraciones con las que hemos sido *educados*.

Y como resultado, llegamos incluso a cambiar nuestra manera de ver y de relacionarnos con los demás y con el mundo. Cabe señalar que este enfoque más constructivo y optimista no tiene nada de nuevo. Se trata de un mensaje universal que se viene repitiendo desde hace miles de años. Sin embargo, los seres humanos tenemos un peculiar rasgo en común: tendemos a olvidar lo que deberíamos recordar y a ser víctimas de esta negligencia.

En la medida en que nuestra transformación personal nos adentra en el nuevo paradigma, empezamos a entrenar los músculos de la responsabilidad, la aceptación, la proactividad, la confianza, la atención plena y la fluidez. Y como consecuencia, comenzamos a sentir un profundo agradecimiento a la vida por el aprendizaje derivado de todas las experiencias que hemos tenido que afrontar y superar.

Al experimentar ciertos clics evolutivos, de pronto miramos hacia atrás —hacia las personas, situaciones y acontecimientos que han constituido nuestro pasado— y nos damos cuenta de que todo lo que nos ha sucedido tiene sentido. De hecho, el acto de agradecer nuestra adversidad es un signo inequívoco de que estamos viviendo conscientemente. Es decir, de que ya no nos cabe la menor duda de que estamos aquí para aprender a experimentar felicidad, paz interior y amor.

Tanto es así, que las personas a las que vemos como nuestros *enemigos* y las circunstancias a las que etiquetamos como *problemas*, son en realidad a las que más debemos agradecer. Esencialmente porque son las que más nos permiten aprender lo que todavía no sabemos, liberándonos de las creencias limitadoras que nos causan sufrimiento y malestar. Además, desde esta nueva perspectiva basada en el aprendizaje continuo, poco a poco sanamos nuestra mente y limpiamos nuestro corazón, despidiéndonos para siempre del rencor, el odio y el resentimiento.

De la mano del agradecimiento surge de forma natural la valoración. Es decir, la capacidad de apreciar lo que somos, lo que tenemos y lo que hacemos en el momento presente. Lo cierto es que cuanto más valoramos nuestra existencia, más abundancia experimentamos en las diferentes dimensiones de nuestra vida. Y cuanto más nos quejamos, más escasez padecemos. Prueba de ello es que aquello que no valoramos solemos terminar perdiéndolo.

¿Murphy o Wurphy?

Nuestra capacidad de valorar lo que tenemos es precisamente lo que nos permite disfrutar plenamente de nuestra existencia, centrándonos en lo que está a nuestra disposición y no tanto en lo que nos falta. Sin embargo, dado que los parámetros de pensamiento y comportamiento promovidos por el viejo paradigma siguen siendo vigentes en nuestra sociedad, en general nos regimos según la conocida «ley de Murphy».[65] Se trata de una teoría popular cargada de victimismo, pesimismo y resignación, cuya finalidad es explicar los infortunios que forman parte de nuestro día a día. En esencia, establece que «si algo puede salir mal, saldrá mal». Y esta afirmación se aplica tanto a situaciones banales como a cuestiones más trascendentes.

Así, por medio de la ley de Murphy tendemos a enfatizar aquellos hechos que nos perjudican o que directamente no nos benefician. Y esta es la razón por la que cada vez que una rebanada de pan untada con mantequilla se nos cae al suelo, la mayoría de nosotros tendemos a recordar más vívidamente las veces en que cae con el lado de la mantequilla hacia el suelo. Es decir, que solemos quejarnos cuando esto ocurre, pero no solemos acordarnos cada vez que cae del lado opuesto. O incluso de cuando ni siquiera se nos cae.

Cabe señalar que esta percepción egocéntrica está en decadencia. Inspirados por la visión que promueve el nuevo paradigma, cada vez más seres humanos estamos empezando a regirnos por los principios que establece la denominada «ley de Wurphy».[66] Y esta se basa en una simple premisa: «Aprender a vivir el misterio de la vida con asombro». Más que nada porque cuando dejamos de arrastrarnos como orugas y empezamos a volar como mariposas comenzamos a darnos cuenta de que estar vivos es un regalo maravilloso. Y en base a esta toma de consciencia ya no damos nada por sentado. Es entonces cuando reconectamos con la alegría que nos produce sentir que estamos vivos y que formamos parte de la vida.

Al percibir la realidad desde la óptica de la ley de Wurphy, entramos en un círculo virtuoso que nos lleva a potenciar el positivismo y el optimismo, encontrando cada día cientos de detalles cotidianos por los que sentirnos profundamente agradecidos. Así, la mayoría de nosotros dormimos sobre una cama y bajo un techo. A veces acompañados. Siempre calentitos. Tenemos acceso a agua potable. Y a ciertos lujos con los que mantener nuestra higiene. Encendemos el grifo y sale agua caliente a propulsión. Comemos cada día un mínimo de tres veces. Tenemos nevera. Y despensa. Etcétera, etcétera, etcétera...

Según la ley de Wurphy, nuestra capacidad de apreciar y valorar lo que sí forma parte de nuestra vida es infinita, tan ilimitada como lo es nuestra imaginación. El reto es acordarnos cada vez que la tostada cae con el lado de la mantequilla hacia arriba. Y hacerlo también cuando no se nos cae de la mano. E incluso apreciar y valorar el hecho de podernos comer una tostada siempre que queramos. Sin duda alguna, cultivar esta actitud —que solo depende de nosotros— puede volvernos inmensamente ricos y prósperos.

Conténtate con lo que tienes; regocíjate en cómo son las cosas.
Cuando te das cuenta de que no hay nada que te hace falta,
el mundo entero te pertenece.

LAO TSÉ

XII. El regalo de compartir

Buscando el bien de nuestros semejantes encontramos el nuestro.

PLATÓN

Un viajero llegó a las afueras de una aldea y acampó bajo un árbol para pasar la noche. De pronto, apareció corriendo un joven que, ansioso y excitado, le gritó: «¡Dame la piedra preciosa! ¡Dame la piedra preciosa!». El viajero lo miró desconcertado y le contestó con amabilidad: «Muy buenas, amigo. Anda, toma asiento y cuéntame qué te ocurre».

Más calmado, el aldeano se sentó a su lado y le explicó: «Ayer por la noche una voz me habló en sueños. Y me aseguró que si al anochecer venía a las afueras de la aldea, encontraría a un viajero que me daría una piedra preciosa que me haría rico para siempre». El viajero rebuscó en su bolsa y extrajo una piedra del tamaño de un puño. «Probablemente se refería a esta. La encontré en un sendero del bosque hace unos días. Me pareció bonita y por eso la cogí. Tómala, ahora es tuya», dijo, mientras se la entregaba al joven.

El aldeano se quedó mirando la piedra con asombro. «¡Es un diamante! ¡El más grande que he visto en toda mi vida!», exclamó exaltado. Eufórico, cogió el diamante y regresó a su casa dando saltos de alegría. Mientras el viajero dormía plácidamente bajo el cielo estrellado, el joven no podía pegar ojo. Daba vueltas y más vueltas sobre su cama. El miedo a que le robaran su tesoro le había quitado el sueño y pasó toda la noche en vela. Al amanecer fue de nuevo corriendo en busca de aquel viajero. Nada más verlo, le devolvió el diamante. Y muy seriamente, le suplicó: «Por favor, *enséñame a conseguir la riqueza que te permite desprenderte de este diamante con tanta facilidad».*[67]

51. EL AMOR ES EL CAMINO Y LA META

Cuanto mayor es nuestra comprensión, mayor es nuestra capacidad de aceptarnos y de amarnos a nosotros mismos y menor es nuestro egocentrismo y nuestro sufrimiento. Así, el amor es el alimento que nos permite evolucionar como seres humanos. Y actúa como una medicina, curándonos de esa invisible enfermedad conocida como «falta de autoestima».

Que hemos venido a este mundo a aprender a amar es una verdad ancestral. Se descubrió antes de que comenzara la historia misma de la filosofía. Zoroastro (630-550 a. C.), Mahavira (599-527 a. C.), Lao Tsé (570-490 a. C.), Buda (560-480 a. C.), Confucio (551-479 a. C.), Sócrates (470-399 a. C.), Jesús de Nazaret (1-33 d.C.)... Todos los grandes sabios de la humanidad —que poco tienen que ver con las instituciones religiosas que conocemos hoy en día— afirmaron esencialmente lo mismo: «Amar a los demás como a nosotros mismos es el camino que nos lleva a la felicidad».

Aunque muchos otros han seguido predicando con su ejemplo sobre el poder transformador del amor, pasan los años, las décadas y los siglos, y muchos de nosotros seguimos sin saber amar. Por eso no entra en los planes de estudio de la educación reglada. Prueba de ello es que como estudiantes nos hacen memorizar lo inimaginable y nos preparan para ser profesionales productivos para el sistema. Pero se olvidan de lo más básico, de lo realmente esencial: enseñarnos a gestionar de forma competente nuestra vida emocional y espiritual. Y si bien el éxito no es la base de la felicidad, esta sí es la base de cualquier éxito. Por el contrario, a muchos nos hacen creer desde pequeños que «el mundo está lleno de gente malvada». Que «no hay que confiar en los desconocidos». Que «lo importante es ocuparse de uno mismo e ir tirando». Así, el miedo, la frustración y el resentimiento van pasando de generación en generación, creando una cultura basada en la desconfianza, la resignación y la insatisfacción.

Amarse no es narcisismo

El sinsentido común de la sociedad prefabricada ha llegado hasta tal punto que a lo largo de este proceso de condicionamiento algunos escuchamos que «la bondad es sinónimo de estupidez», pues «uno siempre termina por arrepentirse de sus buenas acciones». Por eso se considera *bobo* a quien es «dos veces bueno». En esta misma línea, también se dice que «amarse a uno mismo» es una conducta «egocéntrica», propia de un «narcisista». De ahí que hablar acerca del «amor por el prójimo» suene «ingenuo», «ridículo», «cursi» e incluso «sectario».

Sean ciertas o no, todas estas creencias moldean nuestra percepción y comprensión del mundo, influyendo en nuestra forma de relacionarnos con los demás y con nosotros mismos. Y no se trata de culpar a nadie ni a nada, sino de responsabilizarnos de nuestro proceso de cambio y transformación. Lo que está en juego es nuestra libertad para decidir quiénes podemos ser. El reto consiste en cuestionar nuestras creencias, por más que atenten contra el núcleo de nuestra identidad. Principalmente porque *somos* mucho más de lo que *creemos ser*.

Como en cualquier otro ámbito de la vida, gozar de un saludable bienestar emocional y espiritual es una cuestión de entrenamiento. ¿Acaso aprobamos la carrera sin estudiar? ¿Acaso nos pagan un salario sin trabajar? ¿Acaso fortalecemos nuestro cuerpo sin ir al gimnasio? Entonces, ¿por qué damos por sentado que nos amamos si no hacemos nada al respecto? Cabe señalar que amarse a uno mismo no tiene nada que ver con sentimentalismos ni cursilerías. Al hablar de «amor», nos referimos a los pensamientos, palabras, actitudes y comportamientos que nos profesamos a nosotros mismos. Así, «amarnos» es sinónimo de escucharnos, atendernos, aceptarnos, respetarnos, perdonarnos, cuidarnos, valorarnos y, en definitiva, ser amables con nosotros mismos en cada momento y frente a cualquier situación.

Para saber cuál es nuestro nivel de autoestima, tan solo hemos de echar un vistazo a nuestra forma de comportarnos con los demás. Lo cierto es que la relación que mantenemos con el resto de personas que forman parte de nuestra vida es un reflejo de la relación que estamos cultivando con nosotros mismos. Igual que los árboles ofrecen sus frutos cuando crecen y se desarrollan en óptimas condiciones, los seres humanos damos lo mejor de nosotros mismos cuando nos liberamos de todas nuestras limitaciones mentales, recuperando el contacto con nuestra verdadera esencia. De ahí que si queremos saber cuál es la mejor actitud que podemos tomar en cada momento, solo hemos de responder con nuestras palabras y acciones a la siguiente pregunta: ¿qué haría el amor frente a esta situación?

> No vivas para ser alguien conocido,
> sino para ser alguien que valga la pena conocer.
>
> ANÓNIMO

52. LA AMISTAD MADURA

A lo largo de la historia, muchos escritores, poetas, filósofos y sabios han reflexionado sobre el lugar sagrado que pueden ocupar los amigos en nuestra existencia. A todos nos gusta sentir que pertenecemos a un grupo. Saber que podemos contar con otras personas nos da seguridad. Su apoyo nos ayuda en nuestra toma de decisiones. Además, es de todos bien sabido que las tristezas se diluyen cuando se comparten, mientras que las alegrías se multiplican.

Eso sí, todo depende de los pilares sobre los que construimos este vínculo, que inevitablemente va cambiando en la medida en la que cambiamos la relación que mantenemos con nosotros mismos. De hecho, la palabra «amigo» no es más que una etiqueta que le ponemos a una persona con la que compartimos de manera especial un momento dado de nuestra vida. Y esta flexibilidad también está presente en la cantidad (o duración) de tiempo que compartimos y en la calidad (o profundidad) que le damos a este vínculo afectivo.

Si bien hay personas que afirman abiertamente no tener ninguna amistad íntima, otros describen a sus amigos como aquellas pocas personas que verdaderamente les comprenden y les aceptan tal como son. E incluso hay quien sostiene que al ser elegidos de forma voluntaria, los amigos constituyen una especie de segunda familia. Pero, al margen de estas definiciones, ¿qué es la amistad? Etimológicamente, su origen procede del vocablo latino *amicus* —que quiere decir «amigo»—, que a su vez viene del verbo *amore*, que significa «amar». También se dice que provienen de un vocablo griego compuesto por *a* y *ego*, cuyo significado es «sin mi yo». Es decir, que la amistad implica amar a nuestros amigos, más allá de nuestros deseos, necesidades y expectativas. Así, para poder construir este tipo de relaciones hemos de resolver primero nuestros conflictos internos, superando así nuestros miedos, carencias y limitaciones.

La verdadera amistad

De hecho, esta transformación personal es la base sobre la que se asienta la «amistad madura». La paradoja es que solo podemos disfrutar plenamente de nuestros amigos cuando no los necesitamos ni dependemos emocionalmente de su compañía. Al forjar nuestros vínculos afectivos desde la libertad, gozamos de nuestras amistades sin movernos por el interés, la obligación ni la necesidad. Principalmente porque la ausencia de deseos y expectativas nos permite respetar y aceptar a nuestros amigos tal y como son, animándoles y apoyándoles para que sigan su propio camino.

Esta es la razón por la que la amistad madura trasciende el tiempo y el espacio. Así, cuando nos encontramos con un verdadero amigo —incluso después de meses o años sin verlo— no cabe el enfado, el resentimiento o el rencor por no haber mantenido el contacto. De hecho, en nuestro corazón solo hay espacio para el cariño, la alegría y la ilusión. La confianza y la complicidad cosechadas en el pasado nos permiten retomar en el presente el vínculo y la conversación de una forma sorprendentemente fácil y fluida. Es entonces cuando nuestra mutua compañía se convierte en un goce en sí mismo, donde no hay lugar para la hipocresía ni los silencios incómodos.

Más allá incluso de la amistad madura, podemos cultivar la denominada «amigabilidad». Es decir, la cualidad de ser amigable con las personas que se cruzan por nuestro camino. Si bien solo podemos estar unidos en amistad a unas cuantas personas, podemos desarrollar la amigabilidad hacia todo el mundo. La práctica diaria de esta actitud amable y amorosa es la llave que abre las puertas de la abundancia, la plenitud y la prosperidad dentro de nuestra red de relaciones.

¡Qué tesoro más grande hallar a alguien
con quien puedas hablar como contigo mismo!

Marco Tulio Cicerón

53. La libertad en pareja

Si hoy por hoy muchas relaciones de pareja están marcadas por la rutina, el conflicto y el sufrimiento es porque nadie nos ha enseñado a amar. Pero como cualquier otro arte, este se aprende a base de practicar y cometer errores. En este sentido, muchos nos preguntamos: ¿por qué son tan complicados estos vínculos sentimentales? ¿Por qué provocan tanto dolor y sufrimiento? Y en definitiva, ¿por qué tarde o temprano se termina el amor? Por muy duro que pueda parecer, todo esto sucede porque, en primer lugar, el amor verdadero nunca existió. Si bien al principio lo confundimos con el enamoramiento, más adelante volvemos a equivocarnos, creyendo que el amor es el sentimiento amoroso.

Muchas personas dejamos de querer a nuestra pareja porque ya no albergamos sentimientos de amor hacia ella. Sin embargo, se trata de un enfoque victimista y reactivo. Principalmente porque los sentimientos surgen como consecuencia de nuestras actitudes y comportamientos amorosos. En vez de tener un gesto amable hacia nuestra pareja cuando lo sintamos, podemos asumir la responsabilidad de crear este tipo de conductas, desarrollando nuestra proactividad al servicio de la relación. Lo paradójico es que como consecuencia de este amor, cosechamos emociones, sentimientos y estados de ánimo amorosos en nuestro interior.

El quid de la cuestión radica en que es imposible amar a nuestra pareja si no nos amamos a nosotros mismos primero. Para *dar* primero hemos de *tener*. Sin embargo, debido a nuestra falta de autoestima buscamos en nuestro compañero sentimental el cariño, el aprecio, el reconocimiento, la valoración y el apoyo que no nos damos a nosotros mismos. De ahí que antes de iniciar un vínculo afectivo con otro ser humano, sea necesario dedicarnos tiempo y espacio para aprender a autoabastecernos emocionalmente.

De hecho, el verdadero amor se sustenta bajo cinco pilares: en primer lugar, la «responsabilidad personal», que consiste en que a nivel emocional cada miembro de la pareja se haga cargo de sí mismo. Esencialmente porque nuestro bienestar solo depende de nosotros mismos. En segundo lugar, la «comunicación asertiva». Esta tiene mucho que ver con la capacidad de ser sinceros y honestos con el otro. Y de saber empatizar el uno con el otro y de expresarnos con respeto y asertividad. Así, cuanta más facilidad tenemos para mostrar nuestra vulnerabilidad, menor es nuestra necesidad de protegernos tras una coraza. Si bien en ocasiones exponerse resulta incómodo e incluso doloroso, poder compartir lo que pensamos y lo que sentimos de forma asertiva es clave para construir una relación sólida y estable emocionalmente.

En paralelo, es imprescindible cultivar la «mimoterapia».[68] Es decir, el arte de mimar a nuestra pareja, dedicando tiempo y espacio a potenciar el cariño, la ternura y las caricias. Y para ello, nada mejor que remolonear un buen rato en la cama todas las mañanas. Además de reforzar el vínculo afectivo con nuestro compañero sentimental, la mimoterapia tiene efectos muy positivos sobre nuestra salud y bienestar, llenando además nuestro depósito de energía vital. De ahí el eslogan «más abrazos y menos prozac».

Ser cómplice de la felicidad del otro

Además de la responsabilidad personal, la comunicación asertiva y la mimoterapia, el cuarto pilar es el «detallismo». Es decir, cuidar y sorprender a nuestra pareja, teniendo detalles que mantengan encendida la llama del amor y que eviten que la relación caiga en la monotonía. Y esto pasa por no darla por sentada, ligándonosla cada día. Así, para verificar si hemos alcanzado esta maestría en el arte de amar a nuestra pareja, tan solo hemos de responder con honestidad a las siguientes preguntas: ¿cuándo ha sido la última vez que hemos tenido un detalle con ella? ¿De qué manera le demostramos activamente que la amamos? ¿Con qué frecuencia anteponemos sus necesidades e intereses a los nuestros? Y en definitiva, ¿por medio de qué acciones y decisiones concretas estamos siendo cómplices de su bienestar y felicidad?

Por último y tal vez más importante, es esencial cultivar el «desapego». Es decir, en saber ser felices con o sin nuestra pareja. Al no necesitarla para nuestra felicidad es cuando podemos verdaderamente amarla. Solo así podemos construir una convivencia constructiva, pacífica, libre y respetuosa. Y esta parte de la confianza incondicional. Así es como podemos valorar y disfrutar de la persona con la que compartimos nuestra vida tal como es, sin intentar cambiarla.

Al introducir la libertad en el seno de nuestra pareja, poco a poco trascendemos el afán de control, la manipulación, los celos, la posesividad y, especialmente, el apego. Ya no dependemos el uno del otro para ser felices y sentirnos queridos. Al contrario, cada uno aportamos nuestra propia felicidad y amor al servicio de la relación. Y en paralelo, respetamos y honramos la individualidad de la persona con la que hemos decidido compartir nuestra vida. Así, para comprobar nuestro grado de desapego hacia nuestra pareja, basta con comprobar cómo reaccionamos o respondemos cuando nos propone irse unos días de viaje a solas o con sus amigos. ¿Nos incomoda de alguna manera? ¿O por el contrario nos alegramos por ella?

El verdadero amor no pone límites ni limitaciones. Más bien da libertad. Y parte de la premisa de que cada uno de los dos miembros de la pareja es un ser completo por sí mismo. De ahí que respetemos y aceptemos de forma incondicional las decisiones y comportamientos de nuestro compañero sentimental. Principalmente porque cada uno de nosotros hace uso de su libertad con madurez, consciencia y responsabilidad, actuando de la manera que lo considere oportuno en cada momento y frente a cada situación.

La paradoja es que cuanta más libertad y respeto existe en el seno de nuestra pareja, más unión, conexión y fidelidad experimentamos con ella. Así es como finalmente pasamos del paradigma del *yo* al del *nosotros*, formando un auténtico *equipo* con nuestro compañero sentimental. De hecho, el verdadero matrimonio va mucho más allá de cualquier unión de carácter legal, social y económica. En esencia, se trata de un acto simbólico por medio del que nos comprometemos con otro ser humano a seguir aprendiendo y evolucionando juntos, convirtiéndose en un espejo el uno para el otro donde ver reflejada la mejor versión de nosotros mismos.

El amor en pareja es como la semilla de una flor. Para que brote, exhale su aroma y ofrezca sus frutos a la vida requiere de cuidados diarios. Al igual que la flor, el amor necesita ser regado con agua, nutrirse de varias horas de sol y ser cuidado con dosis de ternura y cariño cada día. El reto de cada pareja consiste en convertir esta metáfora en una realidad, explorando en cada caso cuál es la mejor forma de conseguirlo. Y por más excusas que encontremos para posponer nuestras responsabilidades como *jardineros*, no hemos de olvidar que tarde o temprano cosecharemos lo que hayamos sembrado.

El amor es la decisión de trabajar activamente por la libertad de otra persona para que elija qué hacer con su vida aunque no te incluya.

JORGE BUCAY

54. LA PATERNIDAD CONSCIENTE

La paternidad inconsciente imperante en la sociedad suele generar dos tipos de reacciones en los hijos: en primer lugar, los hay que literalmente nos convertimos en nuestros padres, adoptando el mismo estilo de vida. De hecho, muchos copiamos y reproducimos según qué comportamientos de nuestros progenitores a la hora de relacionarnos con nuestros propios hijos. Por el contrario, otros nos rebelamos, entrando en conflicto con el canon marcado por nuestros padres. En estos casos, los hijos solemos construir un mundo personal, social y profesional opuesto al determinado por su entorno familiar, poniendo de manifiesto que también seguimos atados a ellos.

Más allá de estos dos extremos, el verdadero aprendizaje consiste en que los hijos nos *emancipemos* emocionalmente de nuestros padres. Solo así podremos lograr un sano equilibrio entre el legado familiar y la posibilidad de seguir nuestro propio camino en la vida. Desde la óptica del psicoanálisis, a este proceso se le conoce como «matar al padre». Por supuesto, no se trata de acabar con nuestros progenitores físicamente, pero sí de trascender su influencia psicológica, liberándonos de la necesidad de ser aceptados, valorados y queridos por ellos.

Esta metáfora es una invitación para asumir la responsabilidad de nuestra vida emocional. Así es como podemos dejar de victimizarnos y de culpar a nuestros padres por la manera en la que nos condicionaron durante la infancia y por la forma en la que se relacionan con nosotros ahora. Movidos por sus buenas intenciones, nuestros padres siempre lo han hecho —y los siguen haciendo— lo mejor que pueden en base a su grado de comprensión, a su estado de ánimo y a su nivel de consciencia. Además, los recuerdos que conservamos del pasado no tienen tanto que ver con lo que nos sucedió, sino con nuestra manera de interpretar y procesar esos mismos hechos. Lo cierto es que «nunca es tarde para tener una infancia feliz».[69]

Sin embargo, lo más común es que al convertirnos en adultos los hijos nos quejemos por la *mochila familiar* que cargamos sobre nuestras espaldas, repleta de miedos, carencias y frustraciones. Principalmente porque este exceso de equipaje suele condicionar y limitar nuestra manera de relacionarnos con los demás. Eso sí, cuando investigamos en profundidad nuestro árbol genealógico, descubrimos que nuestros padres —debido al tipo de infancia y de *educación* que recibieron en su día— suelen cargar con una *maleta* bastante más pesada que la nuestra. Si lo pensamos detenidamente, nuestros padres son —en primer lugar— seres humanos. Y como tales, arrastran sus propias heridas emocionales derivadas de la relación que mantuvieron con sus propios progenitores.

La emancipación emocional

En el caso de que no nos sintamos queridos por nuestros padres, es necesario comprender que para dar amor primero hemos de cultivarlo en nuestro corazón. En este sentido, ¿cómo van a darnos *algo* que ellos mismos no tienen ni saben cómo tener? Esperar recibir amor de un ser humano que no ha aprendido a amarse a sí mismo es una actitud completamente irracional, sin importar si se trata de nuestro padre, de nuestra madre o de cualquier otro familiar cercano. La paradoja es que para ser felices no necesitamos ser queridos por nuestros padres, sino aprender a aceptarlos y amarlos por las personas que han sido y que son ahora, reservándoles un lugar privilegiado en nuestro corazón.

Curiosamente, lo que no resolvemos con nuestros padres lo terminamos trasladando —de alguna u otra forma— a nuestros hijos. De ahí que esta *emancipación* emocional sea el pilar sobre el que se asienta la «paternidad consciente», que más allá de condicionar a los hijos, promueve una auténtica educación. Etimológicamente, uno de los significados de la palabra latina *educare* es «conducir de la oscuridad a la luz». Es decir, extraer algo que está en nuestro interior, desarrollando todo nuestro potencial. Tanto es así, que nuestra función como padres no consiste en proyectar nuestra manera de ver la vida sobre nuestros hijos, sino en acompañarles para que ellos mismos descubran su propia forma de mirarla, comprenderla y disfrutarla.

En este sentido, los padres conscientes reconocen que sus retoños vienen a través de ellos, pero no les pertenecen. Y que el mejor regalo que pueden hacerle a sus hijos es ser felices, cultivando el amor, la complicidad y el respeto en el seno de su relación de pareja. Principalmente porque la forma más eficiente de educar a un hijo es a través del propio ejemplo. En esencia, educar es ser y dejar ser.

Qué gran equivocación es pensar que como padres hemos venido a enseñar a nuestros hijos un sinfín de tonterías. Y qué gran revelación es comprender que hemos venido a aprender de ellos las cosas verdaderamente importantes de la vida. A partir de ahí, solamente hace falta contar con tiempo, ganas y energía para interesarse por el desarrollo de cada uno de los hijos, ejercitando diariamente la forma de comunicación más sana y efectiva de todas: la escucha, el juego y la ternura.

> Educar no consiste en llenar un vaso vacío,
> sino en encender un fuego latente.
>
> LAO TSÉ

55. *FEELFREENIANOS*

Después de muchos siglos marcados por la esclavitud, la opresión y el totalitarismo, poco a poco vamos a presenciar el amanecer de la era de la libertad y la responsabilidad personal. La cultura de clanes y nacionalismos —donde unas oligarquías en la sombra determinaban la vida de la mayoría— está dejando de tener sentido. A lo largo de la próxima década, el faraónico tamaño del Estado y de la clase política va a reducirse drásticamente hasta alcanzar una versión más minimalista. Y no por una cuestión ideológica, sino porque es completamente ineficiente e insostenible.

Si bien los gobiernos totalitarios van a hacer todo lo posible para coartar nuestras libertades, en la medida en que los ciudadanos vayan despertando de su letargo van a posibilitar el auge del liberalismo. Y este parte de la premisa de que los seres humanos han de gozar de soberanía y libertad para co-crear su propia forma de vivir su vida. El único requisito es que empleen su libertad personal de forma madura, consciente y responsable, de manera que respeten la libertad del resto de personas. En última instancia, se trata de que los ciudadanos recuperen el poder que en su día perdieron en detrimento de las instituciones que jamás los representaron.

Si bien todavía queda mucho camino por recorrer, este cambio de paradigma sin precedentes en toda la historia de la humanidad está incentivado por el despertar de la consciencia y la revolución del sistema educativo. Estamos siendo testigos de cómo la sabiduría se está democratizando, fomentando que cada vez más personas cuestionen su vieja forma de pensar y se liberen de sus cadenas mentales. Como consecuencia, la sociedad —tal y como la conocemos— está muriendo, dando paso al nacimiento de cada vez más individuos.

Curiosamente, las palabras «individuo» e «individualismo» tienen muy mala prensa. No en vano, hemos nacido en una sociedad que en vez de educarnos para pensar por nosotros mismos nos ha adoctrinado para pensar de la manera a la que interesa al *establishment*. En vez de potenciar nuestra singularidad como seres humanos, nos hemos dejado moldear de forma estandarizada. Esta es la razón por la que quienes piensan diferente a como lo hace el rebaño son juzgados como «ovejas negras». Irónicamente, se habla mucho de libertad de expresión. Sin embargo, ¿de qué sirve si no existe la libertad de pensamiento?

Evidentemente, el orden social establecido (*statu quo*) va a hacer lo imposible por preservar su poder e influencia. Y es que, ¿a qué Estado le interesa un pueblo sabio, consciente, responsable y libre? Parece que lo que le conviene son personas ignorantes, inconscientes y desempoderadas. De hecho, el único obstáculo que nos impide a los ciudadanos recuperar nuestro poder personal es vencer nuestro profundo miedo a la libertad. Más que nada porque asumir que somos co-creadores y corresponsables de nuestra vida nos incomoda tanto como nos aterra.

Carcelianos *versus feelfreenianos*

Ahora mismo se está produciendo un choque de paradigmas entre dos formas muy diferentes de entender y de vivir las relaciones humanas. Por un lado están los *carcelianos*. Representan la vieja forma de concebir los vínculos, basada en las creencias limitantes de ese gran carcelero: el ego. A pesar de construir relaciones limitantes, conflictivas e insatisfactorias, los *carcelianos* siguen siendo mayoría.

Por otro lado, están los *feelfreenianos*, un colectivo minoritario emergente en nuestra sociedad que crea sus relaciones desde el ser y la consciencia. En inglés, «*feel free*» significa «siéntete libre». En el fondo no es más que una invitación a vincularse de forma libre y respetuosa, empleando verdades verificadas con las que mantener relaciones mucho más armónicas y satisfactorias. Para lograrlo, primero hemos de conquistar nuestra propia libertad interior, rompiendo cualquier cadena mental que nos oprima.

En este sentido, los *carcelianos* parten de la creencia limitante de que necesitan a los demás para ser felices. De ahí que establezcan vínculos basados en el apego. En cambio, los *feelfreenianos* han verificado empíricamente que nadie puede hacerles felices del mismo modo que ellos tampoco pueden hacer felices a nadie. Principalmente porque la verdadera felicidad reside en el interior de cada ser humano. Esta es la razón por la que crean relaciones basadas en el desapego, el cual no hay que confundir con la insensibilidad o la indiferencia.

A su vez, los *carcelianos* adoptan una actitud victimista frente a la vida. Lo cierto es que están convencidos de que el resto de personas son la causa de su malestar y sufrimiento. Tanto es así, que suelen culpar a los demás por lo que sienten. En cambio, los *feelfreenianos* saben que nadie tiene el poder de herirles emocionalmente sin su consentimiento. Son plenamente responsables de sus emociones. Y están comprometidos con dejar de perturbarse a sí mismos, aprendiendo a domesticar su mente y sus pensamientos.

Por otro lado, los *carcelianos* cuentan con una mente rígida y esperan inconscientemente que los demás cumplan con sus expectativas. Se creen que son el centro del universo y se decepcionan cada vez que alguno de sus amigos no actúa o se comporta como ellos desean. Debido a su egocentrismo suelen cosechar mucha frustración. En cambio, los *feelfreenianos* liberan a los demás de tener que cumplir con sus expectativas. Cuentan con una mente mucho más flexible y altruista. Y han aprendido a fluir con lo que la realidad les depara en cada momento.

Otra diferencia es que los *carcelianos* esperan que los demás llenen su vacío interior. De ahí que su amor sea mercantilista y esté condicionado. Debido a su escasez, quieren a los demás en función de cómo se comportan con ellos. En cambio, los *feelfreenianos* se sienten abundantes y aman a los demás por lo que son. No limitan su capacidad de amar en ningún caso. Aman principalmente porque el amor les hace sentir de maravilla.

Del orgullo a la humildad

En paralelo, los *carcelianos* son orgullosos y paternalistas. Dado que les incomoda ocuparse de sus propios asuntos emocionales, tienden a intentar cambiar a los demás bajo el pretexto de que creen saber lo que a estos les conviene. En cambio, los *feelfreenianos* cultivan la humildad y el respeto. Dedican tiempo y espacio a atender sus necesidades emocionales, aprendiendo a ser felices por sí mismos. Esto es lo que les permite aceptar y respetar a los demás tal como son, aunque no estén de acuerdo con ellos.

Otro rasgo distintivo entre ambos colectivos es que los *carcelianos* son buenistas. Es decir, creen que lo más importante es ser buenas personas. En el fondo, lo que anhelan es gozar de una buena imagen y reputación social. De ahí que suelan llevar una máscara puesta, adoptando en ocasiones conductas falsas e hipócritas. En cambio, los *feelfreenianos* han pasado por un proceso de autoconocimiento que les ha permitido madurar, liberándose de cualquier careta que les aleje de su autenticidad. Saben que lo más importante es estar bien consigo mismos y establecen vínculos basados en la honestidad.

Si bien no son conscientes de ello, los *carcelianos* malviven en un estado de esclavitud psicológica: les importa demasiado lo que piense la gente. Tanto es así, que temen que si se priorizan, los demás les tacharán de egoístas. Por eso les cuesta decir que «no» a los demás. En cambio, los *feelfreenianos* han conquistado su libertad interior. Han aprendido a priorizarse a sí mismos, amándose a sí mismos con todo su corazón. Más que nada porque saben que la relación más importante es la que establecen consigo mismos. Y que el resto de relaciones no son más que un juego de espejos y proyecciones.

Por otra parte, a los *carcelianos* nos les gusta la soledad. A menudo consideran que estar solos es un fracaso. Tienden a construir relaciones basadas en la dependencia emocional. Suelen juntarse en grupos grandes para mantener conversaciones banales, intrascendentes y superficiales, dificultando la posibilidad de establecer conexiones emocionales profundas. En cambio, los *feelfreenianos* son autosuficientes. Necesitan la soledad para cultivar la relación íntima consigo mismos, convirtiéndose en sus mejores amigos. Así es como pueden intimar verdaderamente con otras personas.

Con la finalidad de lograr lo que quieren, los *carcelianos* manipulan y chantajean emocionalmente a los demás. Tienden a enarbolar la bandera de la moral, tratando de hacer sentir egoístas o culpables a quienes no se someten a su criterio. En cambio, los *feelfreenianos* no emplean la manipulación ni el chantaje emocional. Comprenden que las relaciones humanas se establecen de forma libre y voluntaria. De ahí que simplemente acepten a los demás tal como son.

Otra particularidad que los diferencia es que los *carcelianos* se comparan entre sí y a menudo sienten celos y envidia. No en vano, todavía no se han liberado de sus cadenas mentales ni convertido en quienes pueden llegar a ser. De ahí que se sientan inseguros y acomplejados. En cambio, los *feelfreenianos* comprenden que cada ser humano es único y singular. Y que de nada sirve compararse. Admiran a aquellas personas auténticas que destacan por su valía y originalidad. Cultivan la compersión, alegrándose genuinamente por la alegría de sus allegados.

En definitiva, las relaciones *carcelianas* están basadas en el infantilismo, la obligación y la esclavitud. Mientras, las relaciones *feelfreenianas* se construyen sobre la madurez, la ilusión y la libertad. Lo cierto es que dentro de cada uno de nosotros existe un *carceliano* (el ego) y un *feelfreeniano* (el ser). La pregunta es: ¿a cuál de los dos estamos alimentando más?

Un caso práctico

Yendo a un ámbito más práctico, ¿cómo son en general las relaciones cuando están tiranizadas por el ego? ¿Y cómo son cuando quitas el ego de la ecuación? Pongamos por ejemplo que mañana es la cena de cumpleaños de nuestro amigo Pedro. Ha reservado una mesa para 10 en un restaurante. Y a pesar de haber confirmado nuestra asistencia semanas atrás, nos sentimos cansados y sin ganas de asistir. Finalmente le comunicamos que nos sabe fatal, pero que hemos tenido una semana muy intensa de trabajo y que nos quedamos en casa para descansar.

En el caso de ser *carceliano*, Pedro insiste en que vayamos, empleando el chantaje emocional, recordándonos que él nunca ha fallado a ninguna de nuestras cenas de cumpleaños. Llegado a este punto, podemos ceder a su manipulación e ir para evitar que Pedro se enfade. Por el contrario, si nos mantenemos firmes a nuestra negativa es bastante posible que Pedro se sienta decepcionado, produciéndose un conflicto entre nosotros.

En el caso de ser *feelfreeniano*, Pedro agradece que le avisemos, pues igual aprovecha para llamar a otro de sus amigos cercanos para ocupar nuestra plaza. Y si bien le sabe mal porque evidentemente le gustaría contar con nuestra presencia, acepta nuestra decisión. Y no solo eso, nos emplaza a quedar otro día para celebrarlo juntos mano a mano, empleando el latiguillo «feel free». Paradójicamente, al respetar nuestra libertad, se produce una mayor conexión y comunión, afianzando el vínculo entre nosotros.

Curiosamente, el *feelfreenianismo* es percibido por los *carcelianos* como una actitud egoísta. Así, tachan de egoístas a aquellos que se priorizan a sí mismos en vez de priorizarlos a ellos. Pero ¿quién es el verdadero egoísta? Los *feelfreenianos* jamás juzgan a otros *feelfreenianos*. Principalmente porque comprenden que todo lo que hacemos en la vida lo hacemos, en primer lugar, por nosotros mismos. Y que es un milagro que los otros cumplan nuestras expectativas.

En este sentido, para saber cómo podemos conservar a nuestros amigos, también podemos valernos de una metáfora de lo más ilustrativa: coger arena con las manos. Imaginemos que cogemos un buen puñado con cada mano. Y que acto seguido ponemos las dos palmas hacia arriba. En este punto, empezamos a apretar con fuerza la mano derecha, lo que provoca que la arena se cuele entre nuestros dedos.

La paradoja es que cuanto más apretamos, más arena se nos escapa. Mientras tanto, mantenemos abierta la palma de la mano izquierda, lo que permite que el puñado de arena permanezca intacto. Por medio de este ejemplo comprendemos que cuanto más intentamos retener y encerrar una amistad, más posibilidades tenemos de perderla. En cambio, si aprendemos a tratarla con respeto, confianza y libertad podemos llegar a conservarla para siempre.

Un amigo es aquel que te da total libertad para ser tú mismo.

JIM MORRISON

XIII. La asignatura pendiente

> La naturaleza no pertenece a los seres humanos, sino que estos pertenecen a ella. La humanidad no ha tejido la red de la vida; solo es una hebra de ella. Todo lo que haga a la red se lo hará a sí misma. Lo que ocurre a la tierra ocurrirá a los hijos de la tierra. Todas las cosas están relacionadas como la sangre que une a una familia.
>
> JEFE INDIO SEATTLE

En el año 2020, el Sol convocó a todos los planetas del Sistema Solar para celebrar su reunión planetaria de la década, en la cual hacían balance de cómo a cada uno de ellos les estaban yendo las cosas. Tras finalizar la ronda de abrazos, Neptuno —que era el más empático de todos— enseguida se dio cuenta de que la Tierra tenía muy mala cara. «La verdad es que llevo tiempo preocupado por ti. Desde fuera da la sensación de que estás enferma, ¿me equivoco?».

Por su parte, Venus le rodeó con su brazo y añadió: «Yo también te noto algo apagada. ¿Cómo se están portando últimamente los seres humanos que habitan dentro de ti?». Cabizbaja, la Tierra emitió un enorme resoplido cargado de impotencia y resignación. Y Marte, que no tenía pelos en la lengua, afirmó: «Por lo que tengo entendido, ¡son todos una panda de parásitos y depredadores! ¡Malditos terrícolas! ¡Te dan por sentada! ¡Y no te cuidan como te mereces!».

Al oír esto, Plutón se acercó por el otro lado a la Tierra y le susurró: «Si quieres que me ocupe de ellos solo tienes que decírmelo y haré que parezca un accidente». Y Mercurio, que tenía informa-

ción al respecto, le contestó: «No hace falta, Plutón, por lo visto son ellos mismos quienes —debido a su inconsciencia— se están autodestruyendo». Seguidamente, Urano se unió a la conversación y exclamó: «¡Amiga mía, necesitas urgentemente que los seres humanos cambien su forma de pensar y de relacionarse contigo! ¡Ya sabes que puedes contar conmigo para iniciar una revolución!».

De pronto se hizo el silencio. Y la Tierra se puso a llorar desconsoladamente. El resto de planetas se quedaron mudos, sin saber qué decir. Muchos sabían que tenía problemas desde hacía tiempo con los seres humanos. Pero ninguno tenía constancia de que fueran tan graves. Fue entonces cuando Saturno intervino. «Cuéntanos qué te pasa y veamos de qué manera podemos ayudarte a solucionar tus problemas con estos seres.» A lo que el Sol añadió: «Por favor, dinos qué podemos hacer por ti. Ya sabes que para eso organizamos estas sesiones de grupo. No tienes que pasar por este calvario tú sola».

Apoyada por el resto de planetas, la Tierra recuperó algo la compostura y la entereza. Miró de reojo a Júpiter, quien asintió, como animándole a que compartiera lo que llevaba dentro. «No sé ni por dónde empezar», dijo al cabo la Tierra. «Siento que he tocado fondo... No sabéis lo rápido que se propagan los humanos. Cada vez son más. Y son cada vez más neuróticos. Al principio me hacía gracia albergarlos. Sabía que eran diferentes al resto de mis inquilinos. Pero últimamente se están pasando de la raya. Están arrasando la naturaleza, talando los bosques, contaminando el aire, llenando el mar de basura y asesinando en masa al resto de animales... ¡Están arrasando con todo! Por eso me veis así: estoy con fiebre y no para de subirme la temperatura. De hecho, se están deshaciendo mis polos... ¿Cómo no se dan cuenta?»

La Tierra se puso a llorar nuevamente. Y esta vez su llanto fue del todo desgarrador. La tristeza invadió al grupo planetario. Y nuevamente se hizo el silencio. Fue entonces cuando Júpiter exclamó, con cierto aceleramiento en su tono: «¡No hay tiempo que perder! ¡Propongo hacer una lluvia de ideas para definir un plan de acción *lo antes posible!».* El grupo se quedó unos instantes reflexionando, tratando de ver cómo podían enfocar el problema de la Tierra.

Fue entonces cuando Plutón intervino con contundencia: *«¡Ya lo tengo! Pensadlo bien: la especie humana se ha convertido en un virus que está enfermando a nuestra amiga».* Y mirándola fijamente a los ojos, le dijo: *«Te propongo que subas todavía más tu temperatura para que ardan todos de una vez por todas y así acabamos de raíz con el problema».* La mayoría de planetas asintió, convencidos de que era una muy buena idea. Sin embargo, de pronto apareció la pequeña Luna, quien solía estar siempre en un segundo plano.

«¡Un momento!», dijo al cabo. *«Sé que algunos de vosotros tenéis hambre de guerra y sed de venganza»*, añadió, mirando con ternura a Plutón y a Marte. *«Pero mi corazón me dice que la violencia solo genera más violencia.»* Venus y Neptuno estuvieron muy de acuerdo con sus palabras. *«Además, no todo está perdido en la especie humana. Queda un reducto de esperanza»*, afirmó con inocencia.

Mientras el resto de planetas murmuraban con cierta incredulidad, el Sol ejerció su papel de liderazgo y le preguntó: *«¿A qué esperanza te refieres, pequeña Luna?».* Y esta le contestó: *«Si bien a los adultos los doy a todos por perdidos, mi intuición me dice que los niños que forman parte de las nuevas generaciones están aprendiendo de los errores de sus padres. Y que cuando se hagan mayores esta vez sí van a tratar a la Tierra con amor y respeto».* Al escuchar esto, Saturno le increpó: *«¿Y cómo lo sabes? ¿Cómo estás tan segura de ello?».*

Todos se quedaron mirando a la Luna, quien se dio la vuelta y sacó una gigantesca bolsa de su espalda, la cual vació delante de todos ellos. Estaba repleta de dibujos hechos por centenares de millones de niños pequeños, en los que aparecía la Tierra pintada con todos los colores del arcoíris. *«¿Qué demonios es esto?»*, preguntó intrigado Urano. Y la Luna, con la ingenuidad que le caracterizaba, respondió: *«Cómo intuía lo que estaba pasando, llevo un año recopilando todos los escritos y dibujos hechos por niños terrícolas, en los cuales muestran su deseo de cuidar a la Tierra como se merece».*

Al ver su rostro retratado en todos aquellos dibujos, la Tierra se puso a llorar nuevamente. Pero esta vez sus lágrimas eran de felicidad. En el fondo de su corazón, sentía un gran amor por los niños humanos. Los adoraba. De hecho, eran sus inquilinos favoritos. Reconfortada por todos aquellos mensajes tan llenos de cariño y afecto, volvió la mirada hacia la Luna y el resto de planetas y les dijo: «Está bien, Luna. Voy a darle a la especie humana una última oportunidad. Los niños de hoy están mucho más despiertos que los de anteriores generaciones. Solo espero que de adultos no olviden sus promesas».[70]

56. LA EVOLUCIÓN ES IMPARABLE

Los seres humanos somos una especie muy eficaz a la hora de construir imperios, edificar civilizaciones y desarrollar culturas. Pero muy ineficiente para mantenerlos con el paso del tiempo. Hasta ahora, siempre hemos suspendido en materia de sostenibilidad. Basta con echar un vistazo a lo que ha sucedido desde que la humanidad comenzó a dar sus primeros pasos.

Todas las *supersociedades* que han poblado el planeta han terminado en las salas de los museos y en los libros de historia. Nos referimos a la civilización sumeria. A la egipcia. A la helénica. A la china. A la persa. A la romana. A la azteca. A la inca... Si bien algunas de estas culturas existieron durante más de 3.000 años, a día de hoy apenas conservamos unos cuantos monumentos y ruinas como recuerdo.

Aunque el *statu quo* intente preservar y perpetuar un mismo modelo de sociedad, nada es permanente. Prueba de ello es que nuestra manera de comprender y de relacionarnos con la realidad está en constante evolución. De ahí que no sirva de nada resistirnos al cambio. Todos los sistemas sociales, políticos, financieros y energéticos que hemos ido creando han tenido un origen, un punto de máxima expansión, un proceso de decadencia y su consiguiente transformación.

No es que hayan desaparecido ni se hayan destruido, sino que han ido mutando por medio de las denominadas «crisis sistémicas».[71] Es decir, las que remodelan los fundamentos psicológicos, filosóficos, económicos y ecológicos del sistema. Así, nuestra incapacidad para conservar las *cosas* tal como son no es un hecho *bueno* ni *malo*: forma parte de un proceso tan *natural* como *necesario*.

Y esto es precisamente lo que le está sucediendo a la civilización occidental y, más concretamente, al capitalismo que la abandera. No podemos seguir desarrollándonos tal y como lo hemos venido haciendo desde hace más de 50 años. Y no por argumentos morales, sino por una simple cuestión de sentido común. Dado que no sabemos hacia dónde vamos, el crecimiento económico no nos está llevando a ninguna parte. Es hora de madurar y asumir que tarde o temprano vamos a presenciar el colapso de este modelo basado en el endeudamiento crónico.

Y lo cierto es que dada la ineficiencia e insostenibilidad de la economía de los materiales —por medio de la que estamos literalmente *consumiendo* el planeta—, cada vez más expertos advierten sobre un fenómeno emergente: la «entropía».[72] Se trata de un concepto en auge debido al debate que viene generando desde hace años el imparable calentamiento global.

Así, la entropía se refiere al uso energético que una especie determinada hace sobre el medio ambiente que la sostiene. Y más concretamente, a la sobreexplotación que una sociedad realiza sobre el ecosistema en el que vive, provocando que ese medio natural sea incapaz de proveer a dicha comunidad los recursos energéticos que necesita para preservar su modelo de funcionamiento y crecimiento.

Precisamente por este motivo, el cambio y la transformación son inherentes a cualquier civilización que pretenda sobrevivir y prosperar con el paso del tiempo. Tanto es así, que tomar una actitud conservadora es completamente antinatural. Por más que nos resistamos, estamos condenados a evolucionar. Más que nada la evolución es el principio fundamental que rige el funcionamiento de la vida. Por eso siempre gana.

> Nada puede evolucionar sin transformarse. A lo largo
> de este proceso primero descubrimos que tenemos
> la capacidad de destruir. Luego de reparar.
> Y finalmente de vivir en un perfecto estado de equilibrio.
> Por eso todo lo que sucede no es bueno ni malo, sino necesario.
>
> GERARDO SCHMEDLING

57. LA TRAMPA DE LAS SUPERSOCIEDADES

La entropía no es patrimonio exclusivo de la humanidad, sino que está presente en el seno de otras especies del reino animal. Y curiosamente, los casos más llamativos están protagonizados por los insectos.[73] Puede que nos parezcan bichitos diminutos e insignificantes, pero son la clase animal más diversa, amplia y representativa del planeta. De hecho, hay catalogados más de un millón de variedades distintas, constituyen el 90 % de las formas de vida de la Tierra y se estima que por cada ser humano hay más de 200 millones de insectos.

De hecho, las abejas, las hormigas o las termitas fueron los primeros animales en colonizar el mundo. Establecieron las bases de los ecosistemas que más tarde comenzaron a poblar nuestro planeta. Y a pesar de nuestra soberbia como especie, en relación a la salud del planeta son bastante más importantes que nosotros.

Prueba de ello es que si los seres humanos nos extinguiéramos, el resto del mundo seguiría su curso con total naturalidad. El tablero de juego de la economía terminaría siendo sepultado por la maleza y nadie nos echaría de menos. Por el contrario, si los insectos desaparecieran, los ecosistemas padecerían tal desequilibrio que se colapsarían. Principalmente porque la tierra perdería su fertilidad. Las plantas no serían polinizadas. Y muchos animales —incluyendo anfibios, reptiles, pájaros y mamíferos— no tendrían nada que comer y también se extinguirían.

Si bien no sabemos qué va a suceder(nos) a lo largo de las próximas décadas, sí podemos observar detenidamente qué les está ocurriendo a algunas de estas *supersociedades* de insectos. Quién sabe, tal vez esta observación pueda darnos alguna clave sobre nuestro futuro como especie. Entre otros paralelismos con la raza humana, algunas comunidades de insectos experimentan un imparable crecimiento demográfico, consumiendo y agotando los recursos naturales que necesitan para su supervivencia. Este es el caso de unas hormigas carnívoras que habitan en África Central y en América del Sur, cuya *supersociedad* puede albergar hasta diez millones de miembros.

Debido a la voracidad con la que se relacionan con el entorno natural en el que habitan, no les queda más remedio que ser nómadas. Aunque suelen edificar su hormiguero en árboles de frondosos bosques tropicales, cada tres semanas tienen que *emigrar* para poder sobrevivir. Si se establecieran de forma sedentaria, sería su fin. Morirían de inanición. Así, estas hormigas cruzan el bosque en línea recta por medio de kilométricas *autopistas*, creando un rastro químico que sirve de guía para el resto de la colonia.

Mientras la hormiga reina se dedica a poner más de 2.500 huevos al día, su ejército trabaja incansablemente para conseguir comida con la que alimentar al resto del gigantesco regimiento. Y dado que devoran todo lo que encuentran a su paso —gusanos, arañas, saltamontes, escarabajos, ciempiés e incluso lagartijas—, enseguida agotan sus fuentes de sustento. Literalmente arrasan con la vida que existe a su alrededor.

Debido a su consumo desbocado, esta *supersociedad* de hormigas crece y se desarrolla de tal forma que en ocasiones —dependiendo de las condiciones climáticas— la comida escasea y mueren miles e incluso millones de miembros en cuestión de pocas semanas. Eso sí, la hormiga reina nunca deja de poner huevos y la colonia jamás se plantea una forma alternativa de funcionamiento y subsistencia. Al igual que los seres humanos, estas hormigas nacen, se desarrollan y consumen todo lo que pueden durante todo el tiempo que pueden.

Las termitas de Australia y Etiopía

Otro caso parecido es el de las termitas. De todas las *supersociedades* existentes sobre la faz de la Tierra es la que cuenta con el *nido* más grande. En países como Australia y Etiopía, algunas variedades de termitas construyen termiteros de entre tres y ocho metros de altura. Es decir, que proporcionalmente son entre cuatro y nueve veces más altos que los rascacielos de Nueva York. Y eso que están hechos a base de saliva, tierra y excrementos.

Cada uno de estos termiteros está compuesto por cientos de pasadizos laberínticos. La termita reina está protegida en una cámara real subterránea. Y es tan grande que no puede moverse ni alimentarse por sí misma. Las termitas trabajadoras la limpian y la cuidan. Su única función es producir huevos y más huevos. Se calcula que *fabrica* unos treinta mil al día. Debido a esta superproducción de larvas, la comunidad puede albergar en un mismo termitero hasta tres millones de insectos. Y dado que la reina puede vivir más de veinte años, la expansión demográfica del termitero es del todo insostenible; llegan a convivir cien mil miembros por metro cuadrado.

Esta es la razón por la que irremediablemente llega un punto en que no caben en el termitero. Y puesto que el crecimiento de este *rascacielos* es limitado —sobre todo para que no se desmorone encima de la colonia—, parte de sus miembros salen al exterior y a pocos metros comienzan a construir instintivamente una nueva columna de barro donde guarecerse y seguir multiplicándose.

De la misma manera que hacemos los seres humanos, las termitas crecen cuantitativamente por pura inercia. No se preguntan para qué crecen. Simplemente lo hacen. Y cuando el termitero ya no da más de sí, empiezan uno nuevo. En esta misma línea, si los humanos seguimos creciendo demográfica, económica y materialmente al ritmo en el que lo hemos venido haciendo en el siglo pasado, a lo largo del siglo XXI vamos a necesitar entre tres y cinco planetas para obtener los recursos que necesitamos para sobrevivir como especie.[74]

Las abejas que se autodestruyen

Dentro del reino de los insectos, el caso más interesante lo protagoniza una especie de abejas, que literalmente termina destruyéndose a sí misma por competir en vez de cooperar. Se trata de una colonia regida por la tiranía de la reina, la cual impide que florezca el respeto y la igualdad entre el resto de sus miembros. Y es precisamente el uso abusivo de su poder lo que termina con el hundimiento de la colonia.

Todo comienza en primavera, cuando una reina busca un pequeño agujero bajo tierra donde poner sus huevos. Al poco tiempo nace una veintena de abejas hembras, que se convierten en los primeros *súbditos* de la reina. Bajo sus órdenes, fundan una nueva colonia. Y lo hacen construyendo un enjambre dentro del agujero. Mientras la reina descansa, las abejas trabajadoras van creando celdas hechas de cera para las nuevas generaciones.

En este punto de su evolución se produce el primer acto *despótico*. La reina produce una sustancia química que reprime el desarrollo sexual de sus hijas. Así es como goza del monopolio de la reproducción. Mientras, las otras abejas se dedican a vigilar y cuidar a las nuevas descendientes de la reina. Algunas salen al exterior para recolectar néctar y polen con los que alimentar a las larvas. Otras limpian el enjambre. Y todas ellas actúan como autómatas, construyendo celdas incansablemente. Así es como en cuestión de semanas la colonia ya cuenta con más de doscientos miembros, acercándose a su capacidad máxima.

Sin embargo, la reina sigue poniendo huevos. Y estos ya no contienen la sustancia química que reprime el desarrollo sexual de la colonia. Las nuevas larvas están destinadas a ser futuras reinas. Eso sí, este cambio no solo afecta a los huevos, sino también al comportamiento del resto de abejas trabajadoras. Algunas empiezan a poner sus propios huevos. Pero este comportamiento desagrada tanto a la reina, que los destruye uno por uno. En paralelo, empieza a *dar a luz* a abejas macho. Y lo mismo hacen otras abejas trabajadoras. Desbordada, la reina intenta desesperadamente comerse a todos los recién nacidos que no pertenecen a su linaje. No quiere que nadie haga sombra a su descendencia.

Hacia el final del verano se produce la anarquía en el enjambre. El orden social establecido se ha colapsado. Muchas de las trabajadoras cuyas larvas han sido destruidas por la reina empiezan a atacarla. Y finalmente la matan. Con la muerte de la reina se inicia el final de la colonia. Ninguna abeja trabajadora sobrevivirá la llegada del duro invierno. Antes, por eso, las jóvenes reinas se habrán marchado del enjambre y terminarán apareándose con alguna abeja macho. Y al llegar la siguiente primavera, cada una de ellas —de forma individual— volverá a crear una nueva colonia, repitiendo este proceso de nacimiento, desarrollo y muerte.

Irónicamente, las nuevas generaciones de abejas no aprenden de los errores cometidos por sus antecesoras, con lo que reproducen instintivamente el mismo proceso año tras año. En esta misma línea, la especie humana —con una larga y sangrienta historia a sus espaldas— se encuentra dividida geográfica y políticamente en naciones. Y en vez de cooperar entre sí al servicio del bien común de la humanidad, conviven en un clima de constante lucha y crispación. Tanto es así, que mientras se agotan las reservas de petróleo —que tantas guerras y muertes ha causado—, el agua va a ser el recurso natural más codiciado a lo largo del siglo XXI. Y a menos que la humanidad supere sus diferencias superficiales y aprenda a concebirse como una gran familia, el conflicto, la guerra y la destrucción van a seguir protagonizando nuestra forma de relacionarnos.

La civilización es una carrera
entre la educación y la catástrofe.

H. G. WELLS

58. ¿DESARROLLO SOSTENIBLE?

A diferencia del resto de animales, los seres humanos gozamos de consciencia y, en consecuencia, de la capacidad de elegir quiénes podemos ser y de qué manera queremos vivir. De hecho, aprovechar este don evolutivo puede marcar el devenir de nuestra existencia. Por más incómodos que nos haga sentir, nuestra actual manera de interactuar entre nosotros y con el planeta no solo es insostenible, sino que está poniendo en riesgo nuestra propia supervivencia. Condicionados e influenciados por el viejo paradigma, hemos creado una economía regida por un sistema monetario cuyo crecimiento económico —por medio del afán de lucro de las corporaciones— está provocando la destrucción la naturaleza y, en consecuencia, abriendo la posibilidad de que nos extingamos como especie.

En esta misma línea apunta «la teoría de Gaia».[75] En esencia, establece que «la biosfera de la Tierra se comporta como un organismo vivo». Es decir, que «fomenta y mantiene unas condiciones determinadas que favorezcan su propio equilibrio natural». Desde esta perspectiva, «la civilización humana es un parásito que está poniendo en peligro la salud de la Tierra». De ahí que para erradicar este virus, «el planeta esté alterando su temperatura e incluso su composición química», de manera que llegue un momento en que sea imposible nuestra existencia. Por ello, hablar de «salvar al medioambiente» es una incorrección. Principalmente porque —pase lo que pase— el planeta se salvará, mientras que la especie humana tal vez no.

Por más que esta crisis ecológica emergente esté fomentando la consciencia ecológica individual, todavía no ha llamado la atención suficiente para despertar a la gran mayoría. Lo cierto es que seguimos atrapados por una perversa disyuntiva: cuanto más infelices somos, más consumimos. Y cuanto más consumimos, más infelices somos. Esta paradoja seguirá gobernando nuestro estilo de vida mientras no cuestionemos los fundamentos de nuestra actual manera de pensar, que nos hace creer erróneamente que la psicología del egocentrismo y la filosofía del materialismo nos conducen hacia la felicidad.

Y es que el asunto de fondo no tiene tanto que ver con la guerra, la pobreza o el hambre que padecen millones de seres humanos en todo el mundo. Ni con la voracidad con la que estamos *consumiendo* los recursos naturales del planeta. Tampoco estamos hablando de la imparable expansión demográfica y el insostenible crecimiento económico. Ni siquiera del abuso y dependencia de los combustibles fósiles (petróleo, carbón y gas natural), que no solo contaminan la naturaleza, sino que aceleran el calentamiento global. Estos son algunos síntomas que ponen de manifiesto el verdadero problema de fondo. Por decirlo de forma poética, el deterioro y la destrucción del planeta es un reflejo de un conflicto mucho más profundo: el que se libra en nuestra propia alma.[76]

Aunque se suele decir que es idealista pensar que van a cambiar las cosas, lo que es verdaderamente idealista es creer que las cosas van a seguir igual. Lo queramos o no ver, estamos condenados a cambiar de paradigma o a sufrir las consecuencias. No en vano, para que nuestra evolución sea sostenible, inevitablemente tiene que producirse una transformación colectiva. Es decir, un cambio profundo en nuestra manera de *ser*, lo que implica modificar nuestras creencias, valores, prioridades y aspiraciones como especie. Primordialmente porque mientras sigamos creciendo y desarrollándonos tal y como lo hemos venido haciendo, de alguna forma u otra acabaremos topando con los límites que nos impone el formar parte de la naturaleza.

El desarrollo sostenible es un oxímoron

Esta es la razón por la que el «desarrollo sostenible» es una contradicción en sí misma. Y eso que la Organización de las Naciones Unidas lo define como «aquel desarrollo que satisface las necesidades de las generaciones presentes sin comprometer la posibilidad de que las generaciones futuras puedan atender a las suyas». Por más bonitas e inspiradoras que estas palabras nos puedan parecer, cualquier tipo de desarrollo material y económico es intrínsecamente insostenible. El *problema* no reside en la forma de crecer, sino en el crecimiento en sí mismo. Ha llegado la hora de encontrar otra manera de estar en este mundo.

Si nos remitimos a lo que ha venido sucediendo a lo largo de la historia de la humanidad, todo apunta a que esta necesaria transformación comenzará cuando se produzca un colapso del sistema. Como cualquier otra crisis sistémica acontecida en el pasado, la que está a punto de suceder tiene la función de hacernos reflexionar acerca de las consecuencias que conlleva nuestro actual estilo de vida. Y por supuesto, de comprometernos a encontrar una forma alternativa y más evolucionada de vivir sobre el planeta Tierra. Es hora de redefinir individual y colectivamente nuestro concepto de «progreso».

El quid de la cuestión es que la evolución sostenible de la humanidad reside en la conquista de nuestra responsabilidad individual. Así, la transformación de las empresas y del sistema siempre comienza con el cambio de mentalidad de los seres humanos. Nosotros diseñamos y ejecutamos los planes y objetivos de las organizaciones. Nosotros consumimos sus productos y utilizamos sus servicios. Y en definitiva, con nuestra manera de ganar dinero y de gastarlo construimos día a día la economía sobre la que hemos edificado nuestra existencia. Solo al asumir que somos co-creadores del mundo que habitamos podemos decidir cambiarlo, cambiándonos primeramente a nosotros mismos.

Por medio de la espiral de la madurez, lenta pero progresivamente todos nosotros estamos llamados a evolucionar, alcanzando niveles de comprensión y sabiduría cada vez más elevados. Así como las orugas se convierten en mariposas tras envolverse en la crisálida, los seres humanos —al comprometernos con nuestra propia transformación— dejamos de orientar nuestra vida al propio interés para dedicarla al bien común. La paradoja es que cuanto más fomentemos el bienestar del resto de seres humanos y de los ecosistemas que componen el planeta en el que vivimos, más disfrutaremos del nuestro. Sin duda alguna, este es el desafío más grande al que nos hemos enfrentado a lo largo de la historia. Y que salgamos victoriosos dependerá de nuestra capacidad para guiarnos por el sentido común.

Solo después de que el último árbol haya sido cortado, de que el último río haya sido envenenado y de que el último pez haya sido pescado, la humanidad descubrirá que el dinero no se puede comer.

PROVERBIO INDIO

XIV. Epílogo: Morir para renacer

La persona que no está en paz consigo misma está en
guerra con el mundo entero.

MAHATMA GANDHI

*Hace muchos años, en una aldea rural, vivió un niño muy sensi-
ble e inteligente que solía lamentarse por el estado en el que se
encontraba el mundo. Sus padres no podían entenderlo. El pequeño solía pasarse tardes enteras llorando por la contaminación y la
destrucción que estaba sufriendo el planeta. También le avergon-
zaba no poder hacer nada por todas las injusticias que estaban co-
metiéndose en los países más pobres. Y se sentía especialmente
triste por las graves consecuencias que tenían la guerra y el hambre sobre la vida de millones de seres humanos.*

*Más adelante —durante su juventud— empezó a protestar y a
quejarse por las políticas impulsadas por el gobierno de su país.
Y al cumplir la mayoría de edad, se trasladó a la ciudad más cerca-
na de su pueblo, donde se convirtió en un destacado activista. Se
pasaba los días y las noches luchando contra diversos representan-
tes de las instituciones políticas, empresariales y religiosas con
más poder. Movido por una profunda rabia e impotencia, peleaba
para cambiar determinadas leyes que tanto mal causaban a los
habitantes de su nación.*

*Frustrado por no conseguir los cambios que deseaba, al llegar
a la edad adulta centró sus críticas y juicios en su mujer y sus hijos. Estaba tan preocupado de que su familia se quedara estancada
en la mediocridad, que cada noche —a la hora de la cena— les
recordaba cómo tenían que pensar y comportarse para ser dignos*

del apellido que llevaban. Y por más que su mujer y sus hijos tra-
taran de acomodarse a sus expectativas, aquel hombre no consi-
guió nunca librarse de sus miedos e inseguridades. La suya fue sin
duda una vida marcada por la lucha, el conflicto y el sufrimiento.

Sin embargo, al cumplir ochenta años y aquejado de una en-
fermedad terminal, experimentó una revelación que transformó
su manera de ver la vida. Tanto es así, que horas antes de fallecer
dejó por escrito el epitafio que más tarde se escribiría sobre su
tumba: «Cuando era niño quería cambiar el mundo. Cuando era
joven quería cambiar mi país. Cuando era adulto quería cambiar a
mi familia. Y ahora que soy un anciano y que estoy a punto de
morir, he comprendido que si hubiera cambiado yo, habría cam-
biado todo lo demás».[77]

59. Advertencia del autor

Mientras escribo estas líneas, a mediados de abril de 2020, parece que el mundo se está desmoronando. Y no es para menos. La
pandemia del coronavirus ha puesto en jaque nuestro modo de
vivir. Independientemente de cuál haya sido su verdadera causa, lo cierto es que está llevando al sistema al borde del colapso
financiero. Pase lo que pase, nuestra vida nunca volverá a ser
como antes. Formamos parte de una generación en transición
entre dos eras. Y ahora mismo nos encontramos inmersos en
plena metamorfosis cultural. Todo lo que hemos venido consi-
derando normal está a punto de desaparecer para siempre.

Frente a este escenario de crisis, incertidumbre e inestabili-
dad, está produciéndose un choque de paradigmas sin precedentes. A un lado del *ring* se encuentra lo viejo. Está representado
por la gran mayoría de ciudadanos dormidos y desempoderados
cuyas mentes siguen secuestradas por la mente y el ego. Y por
ende, por el *establishment*. Es decir, por el orden social establecido y las oligarquías que mueven los hilos desde la sombra.

A este lado del cuadrilátero también se encuentran los tres grandes intermediarios financieros: los gobiernos, las corporaciones y las entidades bancarias —lideradas por la Reserva Federal y los bancos centrales—, quienes están orientados a saciar su propio interés. La función de este *contendiente* —cuya equipación es de color blanca y negra— es preservar el *statu quo*, intentando que nada cambie para así conservar su poder y mantener a la humanidad en un estado de esclavitud.

Al otro lado del *ring* se ubica el nuevo paradigma. Está liderado por una minoría emergente de ciudadanos despiertos y empoderados, cuyas mentes se han liberado de las cadenas mentales que los mantenían presos, reconectando con su corazón y, por ende, con el ser que anida en su interior. Se trata de todos aquellos inadaptados, rebeldes, inconformistas, buscadores y visionarios que llevan décadas cuestionando su forma de pensar, cuestionando —a su vez— el orden social establecido.

A este lado del cuadrilátero también se encuentran diferentes movimientos sociales, emprendedores sociales, empresas conscientes, *startups* con valores, la *Blockchain* y demás proyectos verdaderamente orientados al bien común. La función de este *púgil* —cuya equipación es multicolor— es impulsar proyectos orientados a cambiar, transformar y revolucionar diferentes sectores y ámbitos de nuestra existencia para liberar a la humanidad de sus grilletes.

Abrazar el cambio

Lo cierto es que este *combate* viene produciéndose desde los albores de la humanidad. Es la clásica *lucha* entre lo viejo y lo nuevo. A corto plazo, todo apunta a que la postura totalitaria y conservadora parte con mucha ventaja sobre la liberal y progresista. Sin embargo, no hay resistencia al cambio que pueda frenar el avance de la innovación y la disrupción. Tarde o temprano la luz se alzará sobre la oscuridad.

Lo verdaderamente extraordinario de este momento histórico, es que al revés de lo que ha sucedido en otras épocas, hoy en día los ciudadanos tenemos la oportunidad de marcar la diferencia. Lejos de vivirlo como meros espectadores pasivos, podemos despertar de nuestro letargo y asumir nuestra responsabilidad. Así es como podemos dejar de ser parte del problema para empezar a ser parte de la solución.

Si has seguido leyendo hasta aquí, déjame que te dé la enhorabuena. Dice mucho de ti que hayas dedicado tiempo y energía a leer un libro como este. ¡Felicidades! Sin embargo, déjame hacerte una advertencia final. No te resistas ni un minuto más al cambio. Si todavía no estás activamente en ello, comienza a reinventarte ya mismo. Asume de una vez que tu mentalidad está desfasada y ha quedado del todo obsoleta. E inicia con pasión tu propio proceso de autoconocimiento y transformación personal. Y es que para que nazca en ti una nueva actitud que te permita adaptarte y prosperar en esta nueva era, primero has de dejar morir las viejas creencias que siguen limitando inconscientemente tu visión de la vida. De ahí que sea fundamental que te lo cuestiones absolutamente todo, pues incluso aquello que consideras verdadero seguramente ya no lo sea.

En caso de no hacerlo y seguir boicoteándote a ti mismo, algo me dice que vas a sufrir graves consecuencias psicológicas y económicas. Principalmente porque seguramente te quedes fuera del nuevo mercado laboral, el cual va a estar protagonizado por la automatización, la digitalización y la robotización. A no ser que sepas cómo aportar mucho valor añadido por medio de tu inteligencia, talento, conocimiento y creatividad, a lo máximo que podrás aspirar será a recibir una renta básica por parte de la administración pública, si es que esta cuenta con recursos económicos para proporcionártela.

Además, si no aprendes a gobernarte a ti mismo —siendo soberano de tu propia vida— quedarás a merced de gobiernos totalitarios. Por todo ello, mi recomendación es que te espabiles. Quítate la venda de los ojos. Despierta de una vez. Deja de creer en la versión oficial. No leas periódicos ni veas las noticias de la televisión. Sé muy escéptico con los *miedos de desinformación*. No te quejes ni protestes más. No esperes pescado por parte del Estado. Y aprende a pescar.

A su vez, no parchees más tu vacío y tu sufrimiento. No tengas miedo de tocar fondo. Atrévete a sumergirte en la noche oscura del alma. Cuestiona tus creencias y tu forma de pensar. Y nunca dejes de hacerlo. Reseteate. Conócete a ti mismo. Ámate. Sánate. Abre tu mente. Reprograma tu subconsciente. Transfórmate. Empodérate. Cree en ti mismo. Toma las riendas de tu vida. Invierte en ti mismo. Fórmate. Reinvéntate. Deja de querer cambiar el mundo y empieza a ser tú el cambio que quieres ver en él.

No olvides que los grandes cambios siempre vienen acompañados de una fuerte sacudida. Afróntalos con aceptación, serenidad y resiliencia. Suelta el control. Ríndete. Acepta la realidad tal como es. Deja de perturbarte a ti mismo. Aprende a ser feliz con lo que tienes. Confía en la vida. No es el fin del mundo. Es el inicio de uno nuevo. Forma parte de él. Y por favor, mantén viva tu curiosidad. Estás a punto de descubrir una nueva y mejorada versión de ti mismo que antes desconocías.

Suelta la vida que planeaste para
dejar entrar la que te está esperando.

JOSEPH CAMPELL

Súmate a la revolución

A veces sentimos que lo que hacemos es tan solo una gota en el mar, pero el mar sería menos si le faltara esa gota.

MADRE TERESA DE CALCUTA

Si después de leerte este libro quieres sumarte a la revolución de la consciencia, te animo de corazón a que investigues los siguientes proyectos que vengo impulsando y liderando desde 2009:

KUESTIONA. Se trata de una comunidad educativa para buscadores e inconformistas. Su finalidad es democratizar la sabiduría para inspirar un cambio de paradigma a través de programas presenciales y online orientados a empoderar a nuestros alumnos, de manera que sepan crecer en comprensión y sabiduría en las diferentes áreas y dimensiones de su vida. Más información en www.kuestiona.com

LA AKADEMIA. Se trata de un movimiento ciudadano consciente que promueve educación emocional y emprendedora gratuita para jóvenes de entre 18 y 23 años. Su misión es acompañar a estos chavales para que aprovechen la crisis de la adolescencia para descubrir quiénes son y cuál es el auténtico propósito de sus vidas, de manera que puedan reinventarse y prosperar en la nueva era. Más información en www.laakademia.org

TERRA. Se trata de una escuela consciente regida desde un nuevo paradigma educativo, cuya finalidad es ofrecer una verdadera educación a los alumnos de entre 2 y 18 años. En vez de prepararlos para superar la prueba de la selectividad, los prepara para disfrutar plenamente de la vida.

Más información en www.terra-ec.com

Si te apetece seguir conociéndote a ti mismo para erradicar de raíz la causa de tu sufrimiento, te animo a que le eches un vistazo a mi curso online *Encantado de conocerme. Introducción al autoconocimiento a través del Eneagrama'*. Esta herramienta describe a grandes rasgos los nueve tipos de personalidad que existen en la condición humana. Es como un espejo en el que podrás ver reflejado tu lado oscuro (el ego) y tu parte luminosa (el ser). En este sentido y a modo de agradecimiento por la confianza que has depositado en mí al adquirir este libro, te hago un descuento del 50 %. Para beneficiarte, solamente tienes que ir a mi web www.borjavilaseca.com, seguir los pasos de compra e introducir el cupón de descuento: «SENTIDO». Si quieres, hoy mismo puedes empezarlo desde el salón de tu casa.

Por otro lado, si sientes que ha llegado tu momento y que estás preparado para reinventarte profesionalmente, te invito a que le eches un vistazo a mi curso online *Qué harías si no tuvieras miedo. Claves para reinventarte profesionalmente y prosperar en la nueva era'*, el cual te servirá para convertir tu pasión en tu profesión. En este sentido también te hago un descuento del 50 %. Del mismo modo, para beneficiarte solamente tienes que ir a mi web www.borjavilaseca.com, seguir los pasos de compra e introducir el cupón de descuento: «SENTIDO». ¡Buen viaje!

Notas

Nunca te creas nada. Comprúebalo todo por tu cuenta. Incluso cuando tu madre te dice que te quiere, verifícalo.

Arnold Dornfeld

1. Cuento extraído del libro *Las filofábulas para aprender a convivir*, de Michel Piquemal, Oniro, Barcelona, 2009.

2. Cuento extraído del libro *La vida viene a cuento*, de Jaume Soler y Maria Mercè Conangla, RBA, Barcelona, 2008.

3. Término del epistemólogo Thomas Kuhn.

4. Reflexión inspirada en las enseñanzas de Eckhart Tolle.

5. Concepto creado por el filósofo Dhiravamsa.

6. Según un informe de la Organización de las Naciones Unidas (ONU).

7. Según Wikipedia.

8. Reflexión extraída del documental *La hora 11*, de Nadia y Leila Conners.

9. Según la Organización Mundial de la Salud (OMS).

10. *Idem.*

11. Toda la información que viene a continuación ha sido extraída del libro y del documental *La historia de las cosas*, de Annie Leonard, FCE, Madrid, 2010.

12. Según Wikipedia, la obsolescencia planificada fue desarrollada por primera vez entre 1920 y 1930.

13. Reflexión extraída del libro *La historia de las cosas*, de Annie Leonard, *op. cit.*

14. *Idem.*

15. *Idem.*

16. *Idem.*

17. Cuento extraído del libro *Aplícate el cuento*, de Jaume Soler y Maria Mercè Conangla, Amat, Barcelona, 2008.

18. Proverbio bereber.

19. Término creado por el filósofo Steven Covey.

20. *Idem.*

21. Estos síntomas corresponden al denominado «Trastorno de Ansiedad Generalizada (TAG)», considerado por la comunidad médica como «enfermedad psiquiátrica».

22. Según un informe realizado en 2020 por *Statista*.

23. Cuento extraído del libro *26 cuentos para pensar*, de Jorge Bucay.

24. Cuento extraído del documental *Redescubrir la vida*, de Anthony de Mello.

25. Descrita por el psicoterapeuta Erich Fromm.

26. Según los datos aportados por el documental *Zeitgeist Addendum*, de Peter Joseph.

27. Término atribuido a Peter Joseph.

28. Definición del psicólogo humanista Abraham Maslow.

29. Cuento extraído del artículo *La tiranía de la pereza*, de la periodista y *coach* Irene Orce, publicado en el blog *Metamorfosis*, de *La Vanguardia Digital*, el 26 de febrero de 2010.

30. Según las investigaciones del filósofo René Guenon.

31. Reflexión extraída del módulo *La Aceptología*, de Gerardo Schmedling.

32. *Idem.*

33. Reflexión extraída del libro *El hombre en busca de sentido*, de Viktor Frankl.

34. *Idem.*

35. Cuento extraído del libro *Aplícate el cuento*, de Jaume Soler y Maria Mercè Conangla, *op. cit.*

36. Término cada vez más utilizado en el campo de la psicología, que ahora mismo goza de especial relevancia en el ámbito de la neurociencia cognitiva y la programación neurolingüística (PNL).

37. El proceso pedagógico «información, energía y entrenamiento» está inspirado en las enseñanzas de Gerardo Schmedling.

38. Término creado por el profesor Jon Kabat-Zinn.

39. Según el proceso pedagógico creado por el filósofo Gerardo Schmedling.

40. Cuento extraído del libro *Aplícate el cuento*, de Jaume Soler y Maria Mercè Conangla, *op. cit.*

41. Reflexión inspirada en las enseñanzas del filósofo Gerardo Schmedling.

42. Descrita por el físico y premio Nobel, Max Ludwig Planck.

43. Elaborada por el científico y meteorólogo Edward Lorenz.

44. Desarrollado por el psiquiatra Carl Gustav Jung en base a las investigaciones del físico y premio Nobel Wolfgang Ernst Pauli.

45. Este término aparece por primera vez en textos clásicos de la filosofía hindú y budista.

46. Descubierta en el siglo XVII por el físico y filósofo Isaac Newton.

47. Clasificación basada en las investigaciones del filósofo Steven Covey.

48. Clasificación basada en las investigaciones de los filósofos Friedrich Nietzsche y Osho.

49. Clasificación basada en las investigaciones del filósofo Gerardo Schmedling.

50. Clasificación basada en las investigaciones de Abraham Maslow y Richard Barrett.

51. Cuento extraído del libro *Aplícate el cuento*, de Jaume Soler y Maria Mercè Conangla, *op. cit*

52. Término creado por el economista Serge Latouche.

53. Término atribuido al escritor Henry David Thoreau

54. Término creado por el periodista Carl Honoré.

55. Término creado por el directivo John J. Drake.

56. El término «posmaterialismo» se atribuye al politólogo Ronald Inglehart.

57. Sus investigaciones sobre la economía del comportamiento hicieron que su nombre apareciera entre 2005 y 2010 en algunas quinielas como candidato a recibir el Premio Nobel de Economía.

58. Entre otros expertos en este campo, destacan los economistas Richard Easterlin y Richard Layard.

59. Tal como constata Annie Leonnard en su libro *La historia de las cosas*, *op. cit.*

60. Reflexiones extraídas del documental *La hora 11*, de Nadia y Leila Conners.

61. Extraído del libro *La historia de las cosas*, de Annie Leonnard, *op.cit.*

62. Cuento extraído del libro *La oración de la rana I*, de Anthony de Mello, Sal Terrae, Santander, 2007.

63. Reflexión extraída del libro *Los estados de ánimo*, de Christophe André, Kairós, Barcelona, 2010.

64. Pregunta extraída de *La Aceptología*, de Gerardo Schmedling.

65. Creada por el ingeniero Edward Murphy.

66. Creada por el profesor de yoga Víctor Ángel.

67. Cuento extraído del libro *Las filofábulas*, de Michel Piquemal, *op. cit.*

68. Concepto creado por la periodista y *coach* Irene Orce.

69. Aforismo de Milton Erickson.

70. Cuento inspirado en uno escrito por Marisa Alonso Santamaría.

71. Término extraído del libro *El crash de 2010*, de Santiago Niño Becerra, Los Libros del Lince, Barcelona, 2010.

72. Término extraído del libro *La civilización empática*, de Jeremy Rifkin, Paidós, Barcelona, 2010.

73. Tal como se explica en el documental de la BBC *Supersociedades*, del científico y naturalista David Attenborough. Toda la información que sigue acerca de las hormigas, termitas y abejas procede de este documental.

74. Dato extraído del libro *La historia de las cosas*, de Annie Leonard, *op. cit.*

75. Desarrollada por el científico James Lovelock, considerado «el padre de la ecología moderna».

76. Reflexión extraída del documental *La hora 11*, de Nadia y Leila Conners.

77. Cuento inspirado en una leyenda que dice que este epitafio estaba escrito sobre la tumba de un monje budista, alrededor del año 1100.

¡Súmate a la revolución!

Lee las primeras páginas

Lee las primeras páginas